畜禽养殖
绿色低碳供暖技术

杨景晁　李福伟　韩海霞　等　著

中国农业科学技术出版社

图书在版编目（CIP）数据

畜禽养殖绿色低碳供暖技术 / 杨景晁等著. -- 北京：中国农业科学技术出版社, 2025.5. -- ISBN 978-7-5116-7383-1

Ⅰ. S815.9

中国国家版本馆CIP数据核字第2025CD3686号

责任编辑　金　迪
责任校对　王　彦
责任印制　姜义伟　王思文

出 版 者	中国农业科学技术出版社
	北京市中关村南大街 12 号　　邮编：100081
电　　话	（010）82106625（编辑室）　（010）82106624（发行部）
	（010）82109709（读者服务部）
网　　址	https：// castp.caas.cn
经 销 者	各地新华书店
印 刷 者	中煤（北京）印务有限公司
开　　本	170 mm×240 mm　1/16
印　　张	7.75
字　　数	120 千字
版　　次	2025 年 5 月第 1 版　　2025 年 5 月第 1 次印刷
定　　价	58.00 元

◆版权所有·侵权必究◆

《畜禽养殖绿色低碳供暖技术》
著者名单

主　　著：杨景晁　李福伟　韩海霞
参　　著：陶家树　张德敏　张志美　周开锋　战汪涛
　　　　　孔　雷　强　莉　陈连颐　王贵升　刘育含
　　　　　武蕾蕾　肖发沂　胡洪杰　宋修瑜　张相奎
　　　　　郭立坤　尚慧娟　李大鹏　孙　艳　郝　丹
　　　　　刘砚涵　焦洪超　刘　刚　刘宗正　刘迎春

前言 PREFACE

　　当前,畜牧业面临日益严峻的资源环境约束。2021年3月,《政府工作报告》首次提出"碳达峰、碳中和"。2021年10月,中共中央、国务院印发的《黄河流域生态保护和高质量发展规划纲要》,2022年9月,国务院印发的《关于支持山东深化新旧动能转换 推动绿色低碳高质量发展的意见》,2023年1月,山东省委、省政府印发的《山东省建设绿色低碳高质量发展先行区三年行动计划(2023—2025年)》等重大政策文件,均对节能、降耗、减排等做了专门阐述,并将其作为绿色低碳发展的重要组成。走绿色低碳发展之路是当前畜牧业发展的必要选择。据统计,畜牧业的碳排放量约占全球总排放量的15%,其中,养殖场供暖环节是畜牧业碳排放的重要组成,改善升级供暖技术工艺、节能减排成为行业必然趋势。发展绿色低碳供暖是践行畜牧业绿色、低碳发展的重要支撑,更是在畜牧生产领域落实国家"碳达峰、碳中和"政策的具体行动。

　　山东省是畜牧业大省,肉蛋奶总产量连续多年居全国首位,庞大的畜禽养殖规模导致畜牧业节能减排、绿色发展压力巨大。基于这种背景和现实需求,2024年3月,在山东省畜牧兽医局指导支持下,山东省畜牧总站牵头成立"畜禽养殖绿色低碳供暖技术"研究课题组,吸收了山东农业大学、山东省农业科学院有关专家以及省内部分市、县畜牧技术推广部门和龙头企业生产管理技术人员加入，课题组历时9个月，调研养殖企业90余场次，研究形成涵盖太阳能、空气能、生物质能、地热能、热回收技术等绿色低碳供暖技术，对指导养殖从业者开展绿色低碳供暖、节能减排有巨大的现实意义。

在本课题研究和书稿撰写过程中，山东省畜牧兽医局畜牧与畜禽废弃物利用处、畜产品质量安全监管处、规划财务处等处室，全省16地市畜牧部门，以及山东益生种畜禽股份有限公司、山东鼎立农牧科技股份有限公司、山东荣达农业发展有限公司、潍坊益客农业科技发展有限公司、新希望六和（淄博）农业科技发展有限公司、菏泽市牡丹区牧原农牧有限公司、青岛派如环境科技有限公司等企业给予了大力支持，在此一并致谢！

著　者
2025年3月

目　录
CONTENTS

第一部分　畜禽养殖绿色低碳供暖技术措施 …………… 1

　一、增强畜禽建筑围护结构的隔热性能 …………… 2

　二、新型供暖热源的探索 …………… 4

　三、供暖技术工艺优化和集成 …………… 8

第二部分　畜禽养殖场绿色低碳供暖技术应用 …………… 13

　一、空气能供暖技术的应用 …………… 14

　　案例1　青年鸡场（蛋鸡） …………… 17

　　案例2　特色蛋鸡（芦花鸡）场 …………… 20

　　案例3　中小规模商品肉鸡场 …………… 23

　　案例4　大规模商品肉鸡场（小型白羽肉鸡） …………… 27

　　案例5　大规模商品肉鸡场（白羽肉鸡） …………… 32

　　案例6　大规模商品鸭场 …………… 36

　　案例7　中小规模商品肉鸭场 …………… 39

　二、燃气供暖技术的应用 …………… 42

　　案例1　猪　场 …………… 44

　　案例2　肉种鸡场 …………… 50

案例3　种鸭场 ……………………………………………… 53

三、生物质能供暖技术应用 …………………………………… 58
　　案例1　蛋鸡场 ……………………………………………… 60
　　案例2　商品肉鸭场 ………………………………………… 65

四、太阳能供暖技术的应用 ……………………………………… 70
　　案例　817肉鸡场 …………………………………………… 72

五、地热能供暖技术的应用 ……………………………………… 75
　　案例1　商品鸭场（土壤源热泵）………………………… 78
　　案例2　商品鸭场（水地源热泵）………………………… 81

六、余热回收供暖技术应用 ……………………………………… 84
　　案例1　大型猪场（板下换热）…………………………… 86
　　案例2　中小规模猪场（舍顶换热）……………………… 88
　　案例3　肉种鸡场（专用设备换热）……………………… 93
　　案例4　商品鸭场（专用设备换热）……………………… 97

七、复合型供暖技术的应用（多种供暖方式组合） ………… 101
　　案例　肉种鸡 ……………………………………………… 102

第三部分　前景展望 ……………………………………………… 111

第一部分

畜禽养殖绿色低碳供暖技术措施

畜禽养殖离不开供暖保温，特别是在畜禽养殖幼雏、仔（犊）阶段，对环境温度要求较高，需要有效的供暖措施来保障动物适宜的生长环境。养殖场的供暖技术、工艺不仅关系养殖效益，也关系到清洁环保、节能降耗等。随着国家环保政策的收紧，发展畜禽绿色低碳供暖已成为落实国家"双碳"政策，推动产业转型升级、实现绿色低碳发展的重要支撑。畜禽绿色低碳供暖，涉及热源的集约高效利用和新能源的开发利用两大环节。在具体操作上，可从提高畜禽围护结构的隔热保温性能、探索新能源（热源）利用、升级供暖工艺技术三个方面入手。

一、增强畜禽建筑围护结构的隔热性能

畜禽舍的保暖，主要是控制（减少）棚舍内热量的流失，隔热性能增强，可以大幅提高畜禽棚舍的保暖性，提高热量的有效利用率，这是保暖的基础。从养殖生产过程看，棚舍保暖效果好，一是能为畜禽生长创造更好的温度环境，二是降低供暖能源消耗和供暖成本。

（一）采用保暖型材料建设墙体

建筑材料的隔热保暖性能是实现保暖的基础。阁北头肉鸭养殖示范基地鸭舍墙面采用两层玻璃丝绵墙板，墙面厚度为125 mm，单层墙面厚度分别为75 mm、50 mm，加厚的墙面不仅能使鸭舍内的热量损失减至最小，还能满足耐腐蚀、耐老化等要求。青岛耿世林家庭农场猪舍建筑外墙和屋顶采用传热系数k≤0.044 W/（m²·K）的隔热保温材料B1级防火EPS泡沫板，墙面厚度为100 mm，屋面厚度为150 mm，容重为18 kg/m³，EPS泡沫板内外两面各有40 mm厚

水泥砂浆包裹，除了隔热保温性能好，还能满足防火、防鼠、耐腐蚀、耐老化要求。

（二）棚舍保温处理措施

适当的保温处理可大幅提高围护结构的隔热保温性能。青岛林宇养殖场鸡舍墙体厚18 cm，采用高密度聚丙烯防火保温材料，屋顶采用10 cm厚度保温棉并喷4 cm厚度聚氨酯发泡密封处理，屋顶中间使用玻璃岩棉20 cm保温材料，外墙使用海蓉泡沫模块进行双面保温技术建设，实现整栋鸡舍为一体式保温密闭，防止内源热量外散，外部热源和冷空气的侵入。新希望六和（淄博）农业科技发展有限公司猪舍使用挤塑聚苯乙烯保温泡沫作为高效隔热材料，以极低的热导率、良好的抗湿性、极强的稳定性和耐久性确保了圈舍的保温性能。此外，要注意对地面进行保温性处理，具体可按照地暖的保温处理方式；对通风等配套设施进行保温性处理，如风机的选择、门窗的保温、湿帘进风窗口的保温等，这也是提高畜禽棚舍保温效果的重要措施。

（三）双层墙模式建设棚舍

该墙体设计可以形成类似保温杯的隔热效果。新泰市天信农牧发展有限公司鸭舍采用双层墙设计，墙体长96 m、檐高4.2 m、宽17.5 m，墙厚40 cm，墙体外层采用聚氨酯保温材料再筑一道外墙，与原有墙体形成间隔1.2 m的夹心层，冬季进舍新风首先通过夹心层进入鸭舍内，这种建筑设计，一方面，起到隔热效果，减少舍内热量的散失，能更好地保温；另一方面，对入舍新风进行预热，减少低温的新风对鸭子的冷应激。

二、新型供暖热源的探索

积极探索与国家环保政策、节能降耗政策相匹配的供热源，目前常用的有以下几种供暖热源。

（一）天然气供暖

该供暖方式以天燃气作为能源，通过特定的燃气炉燃烧产生热量，再通过一系列工艺技术措施，给棚舍供暖。例如，科宝（湖北）育种有限公司日照招贤农场场区12个鸡舍整体采用双正压室外直燃暖风机供暖，直燃式暖风机供暖方式相较于传统集中加热水循环供暖系统，很大程度上减少了输送过程中热量损耗和热转换效率低等弊端。各鸡舍分别供暖，然后舍内分区，需要时加热，不需要时不加热，此种供暖方式相较于集中加热水循环供暖方式大大减少了不必要的资源浪费等情况。此种供暖方式在供暖季节初期与末期节能效果尤为明显，单供暖季节省燃气量15%~20%。新希望六和（淄博）农业科技发展有限公司以燃气空气加热器、壁挂炉为主要加热设备，燃气空气加热器和壁挂炉使用天然气作为燃料，能快速提供所需热量。燃气空气加热器布置灵活，能满足猪舍不同区域的需求，实现集中或局部供暖，适应不同阶段猪只的温度要求，该方式维护成本低，故障率低，且设计有多种安全保护措施，运行安全。

（二）生物质供暖

这种方式与燃气取暖有相似之处，是以生物质燃料作为能源，通过特定的生物质炉燃烧产生热量，再经过配套的供暖工艺给棚舍供暖。青岛林宇养殖场供暖方式采用生物质锅炉，每年1月、4月前后使用2台0.1 t的生物质锅炉对12万只蛋雏鸡育雏舍提供热源。使用的生物质颗粒为秸秆、林业废弃物冷态致密成型加工而成。生物质锅炉燃烧产生的二氧化碳排放非常低，生物质燃料热值高，且含硫量低，不会像煤炭燃烧一样产生二氧化硫等有害气体。生物质燃烧后生成的灰烬可以作为肥料使用。按2024年上半年使用57 t生物质颗粒计算，比使用传统燃煤方式育雏减少排放SO_2 0.998 t、烟尘0.485 t、CO_2 91.2 t。平度市阁北头肉鸭养殖示范基地采用空气能机组设备加生物质锅炉供暖。当室外温度在-5℃以上时采用空气能机组设备进行供暖，低于-5℃时采用生物质锅炉进行供暖。相较传统的燃煤锅炉供暖方式，大大节省了煤炭的使用量，而且生物质锅炉需要的生物质燃料经济实惠，其含硫量多数小于0.2%，熄灭时不用设置气体脱硫装置。以一栋鸭舍为例，利用空气能机组设备加生物质锅炉供暖，可以比传统锅炉供暖每天节省200元。采用批次化生产，传统模式每栋鸭舍需人工4人左右，而节能鸭舍每栋需人工1人，每年节省人工费用18.4万元。

（三）地热能供暖

通过特定设备和工艺，利用土壤或地下水中的热能作为供暖源给畜禽棚舍供暖。潍坊益客农业科技发展有限公司采用螺杆式土壤源热泵供暖方式，以地源热作为主要能源，以螺旋式土壤热源泵机作为核心装备，螺旋式土壤热源泵机通过封闭的地下换热系统，利用水域地下土壤进行热交换，依靠土壤与水的温差实现夏季向土壤放热，冬季从土壤吸热，进而实现机组夏季供冷，冬季供热的运行。这种取暖方式具有独特优势：一是节能，土壤源热泵利用地下热能，相比传统的燃气、煤炭、柴油等供暖方式，可以实现更高的能源利用效率和节能效果。与传统燃煤锅炉相比，土壤源热泵供暖可以节能25%～50%，而供冷季节可以节能10%～30%；二是环保，应用土壤源热泵供暖不产生废气、废水和固体废物，有助于减少温室气体排放，对环境几乎没有影响；三是节约空间，由于地下土壤具有较大的热容量，可以节省地面建筑空间。

（四）太阳能供暖

通过太阳能集热装置以及配套工艺，收集、转化太阳照射产生的热量来给畜禽棚舍供暖，由于太阳能供热受天气影响，实际生产中一般和其他热源配合使用，最常见的是与空气能的配合使用。山东鼎立农牧科技股份有限公司养殖基地采用太阳能系统，以全玻璃真空太阳能集热管作为集热元件。设计单台集热器配50支直径58 mm，长度1 800 mm的全玻璃真空管，集热面积7.6 m²。以一个存栏20万套父母代肉种鸡育雏育成场为例，系统共安装22 500支真空管，总集热面积3 420 m²。辅助16台158 kW的空气源热泵。阳光充足时，系统自动启动太阳能，遇阴冷雨雪天气太阳能无法满足供暖需求时，空气能启动运行，补足太阳能的不足。通过太阳能系统与空气能系统耦合，每天可将270 t水加热升温至35 ℃，用于12 582 m²鸡舍的供暖、场区员工洗浴，以及宿舍、餐厅等生活用暖。

有的养殖场安装光伏发电装置，利用太阳能发电作为其他热源的电能使用，也是一种利用太阳能供暖的方式。新希望六和（淄博）农业科技发展有限公司养殖场供暖系统配置了光伏发电系统、电地暖加热系统。利用光伏发电系统，太阳能所产生的电能一部分直接供电给电热供暖系统产生热源，例如，电地暖利用部分光伏发电系统产生的电能产生热量，另一部分作为控制系统的用电。该系统在日照充足时满足供暖需求并可能产生多余电能，而在夜间或阴天则使用储存或电网电能继续供暖，有助于减少对化石燃料的依赖，降低供暖成本，并减少温室气体排放。

（五）空气能供暖

利用空气能热泵，通过电能驱动热泵运行提取空气中的低温热能转化为高温热能，给畜禽舍供暖，这个过程中，电力驱动压缩机做功产生的能量往往也作为供热源的一部分。空气能的运行作业需要电力驱动，从电网的电力来源构成看，除了化石能源的燃烧发电外，也有风能、太阳能、水能、核能等发电，一定程度上讲，采用空气能取暖方式，也间接涉及其他清洁能源的利用。空气能供暖机组运行的基本原理依据是逆卡诺循环原理，液态工质首先在蒸发器内吸收空气中的热量而蒸发形成蒸汽（汽化），汽化潜热即为所回收热量，而后经压缩机压缩成高温高压气体，进入冷凝器内冷凝成液态（液化），把吸收的热量传递给需要加热的水中，液态工质经膨胀阀降压膨胀后重新回到膨胀阀内，吸收热量蒸发而完成一个循环，如此往复，不断吸收低温源的热而输入所加热的水中，直接达到预定温度。

滕州市春雨农牧科技有限公司的养殖场全部采用空气能集中供暖，使用超低温空气能设备20台，投资380余万元，铺设地暖管线共14 km，养殖专用风机盘管196台。使用空气能平均每批每只鸡供暖成本0.15元，使用煤炭平均每批每只鸡供暖成本0.55元，年平均空气能比煤炭每只鸡节省2.8元。夏季6～8 h，冬季24～36 h即可将鸡舍温度提升到35℃。采用空气能集中供暖，每年节省煤炭1 500 t，减少二氧化碳排放5 500 t。空气能供暖时无明火、无废气排放和粉尘产生，既减少了对环境的影响，也显著降低了火灾、爆炸、中毒等风险，优势显著。

（六）畜禽体热利用供暖

畜禽生物体每时每刻都在产热和散热，饲养畜禽机体自身产生的热量都是棚舍内热源的一部分。这里所指利用自身热量供暖，主要是指采用热回收技术工艺，将棚舍内的热量包含畜禽机体产生的那部分热量实现回收利用。青岛耿世林家庭农场猪舍利用猪群余热为热源，在供暖设计上，对猪舍墙面和屋面围护进行隔热保温和气密性处理，并匹配智能环境控制器、变速风机、弥漫式进气与排气管道等，将弥漫式排气管道设置于猪舍漏缝地板以下，弥漫式进气管道设置于猪舍舍内顶部，每个猪舍单元需匹配一套单独的智能环境控制器和变速风机，根据舍内猪群不同生长阶段所需环境温度，通过智能环境控制器设置猪舍目标温度、最小通风量和温度偏差，变速风机会根据以上设置参数，自动调整通风量，24 h连续通风，并保持舍内恒温。采用该技术工艺，达到"猪舍冬天不用取暖"，冬天取暖费用节省80%，二氧化碳排放量减少70%，实现节能环保，绿色养猪。山东鼎立农牧采用基于热传导原理的余热回收技术，将鸡舍外新鲜冷空气与鸡舍内热污空气进行热量交换，热回收率可达60%左右，节能的同时可有效避免冷风对鸡体的刺激，减少呼吸道疾病的发生。

三、供暖技术工艺优化和集成

这是一项综合性的供暖技术措施，从技术工艺的优化和技术集成入手，最大限度地发挥热源潜能和效果、提高热能的利用效率。目前常用的有以下几个措施。

（一）提高燃烧供暖工艺的性能效率

在燃气装置、生物质燃烧装置配套热回收系统，可以实现热源的高效利用，发挥其供热效果。利津六和种鸭有限公司采用全预混燃气相变潜热能高效锅炉供暖，全预混燃气相变潜热能锅炉结合了全预混燃烧技术和相变潜热能回收技术，通过优化燃烧过程并充分回收烟气中的水蒸气潜热，实现超高效率和极低排放。全预混燃烧阶段，燃料和空气在进入燃烧室喷嘴前，按比例经过预混腔将气体搅散混合后经过表面燃烧，热量通过辐射和对流快速传递至锅炉主换热器。再经过一次换热过程吸收燃烧产生的高温烟气中的显热，二次换热过程回收烟气中水蒸气释放的潜热，提升热效率，产生单位热量消耗的燃气约减少22%，大大节省供暖设备运行成本。科宝（湖北）育种有限公司日照招贤农场采用直燃式暖风机供暖方式，直燃式暖风机供暖配套热回收系统，利用热回收系统替代鸡舍通风系统回收部分热能，从而降低燃气用量，单供暖季可节省燃气用量3%~7%。

（二）多能互补提高供暖效果

利用太阳能和空气能互补实现高效供热的做法较为常见。白天、晴天充分利用太阳能供热，在夜间、阴天太阳能产热不足时可用空气能补充，达到多能互补、节能降耗的效果。山东奥达养殖有限公司于2019年开始实施"太阳能+空气能"多能互补清洁供热系统项目建设。鸡舍采暖原采用空气源热泵作为主要供热能源，为降低生产成本和碳排放，安装268 t太阳能系统一套，太阳能集热器447组，Φ58*1800型真空管22 350支，总集热面积3 361.44 m^2。晴好天气条件下，每天可将268 t水加热升温至35℃。太阳能系统与原有空气源热泵系统结合，可解决36栋鸡舍约18 000 m^2供暖需求。公司每年养殖6批鸡，每年5—9月中有2批鸡完全不需要启动空气能进行热水处理，完全由一台循环泵循环太阳能中的热水即可满足雏鸡供暖需要，其他月份太阳能也可以产生作用，为鸡舍提供一定的热水，这样大大地节约了空气能用电量，可直接节省约60万元供暖费用。

（三）优化工程设计，提高热源利用效率

从养殖棚舍建筑设计入手，采用板下通风热交换工艺，利用动

物自身产生的热量和棚舍内的热量对新风（冷风）进行预热，提高新风温度，实现热量回收利用。菏泽市牡丹区牧原农牧有限公司采用板下热交换技术对猪舍进行供暖。每栋猪舍新风侧配有热交换风机和出风侧地沟风机，冷空气通过进风侧高效过滤后进入板下热交换管道，通过猪群自身的温度和猪舍内的温度进行预热，随后预热风通过单元内连接进入一级风箱，通过出风口进入栏位，经过栏位的空气通过端部风机和地沟风机抽出，经除臭灭菌后排出猪舍完成空气循环。采取热交换原理，利用猪群自身热能对猪舍供暖，热能转化率可达到60%～70%，平均每头猪生长至出栏可降低30元供暖费用。

（四）配套热回收设备提高热源利用效率

为棚舍配备专用的热回收设备，利用畜禽棚舍通风换气过程，通过入舍新风和排出废气的热交换，最大限度地回收棚舍内余热（动物自身产生的热量和棚舍内的热存量），达到热量循环利用的效果。这种热回收的利用措施可以和其他供暖方式结合使用。例如，热回收与空气能供暖组合，与燃气和生物质取暖组合，与太阳能+空气能取暖组合等。山东益生种畜禽股份有限公司种禽养殖基地采用热回收工艺，种禽场由原来的2段通风模式，改为3段，即在暖风机供暖前增加热回收通风模式，可以满足在外界温度-15～-10℃鸡舍内的供暖需求。具体操作上，平养育雏育成场采取天然气+热回收的供暖模式，冬季以热回收为主，育雏期间使用天然气进行辅助加热；平养产蛋和笼养产蛋场使用热回收即可在鸡群需求的温度上达到热量平衡。采取热回收设备后，冬季供暖费用大幅度降低，产蛋场区可以实现零供暖；同时，改善了冬季鸡舍内环境，养殖成绩、养殖效益、低碳减排实现共同提升。山东荣达农业发展有限公司的厂区采用了空气能供暖设备和热回收设备，于2018年配备了凯丰空气能设备12台，海尔空气能设备6台以及热回收设备15台，从生产应用看，育雏期间可以降低取暖成本30%以上，对于降低冷风应激效果也较为明显，育雏期间呼吸道疾病发病率降低50%以上。

第二部分

畜禽养殖场绿色低碳供暖技术应用

在畜禽养殖过程中，保持适宜的温度对动物的健康生长和繁殖至关重要。传统供暖方式存在能源消耗大、环境污染等问题，而绿色低碳供暖技术为养殖业提供了更高效、更环保的解决方案。本部分重点介绍了7种适用于畜禽养殖场的绿色低碳供暖技术，并以典型案例的形式进行剖析。

一、空气能供暖技术的应用

（一）概述

空气能供暖技术指利用空气中的热能，借助工质的热力学循环，根据逆卡诺循环原理，通过特定的热泵装置进行能量转换，把空气中贮存的不能直接利用的低品位能量转换为可利用的高品位能量，从而用于热量供应。这一技术与传统电供暖、燃气供暖存在显著差异。传统电供暖通过电阻丝发热，将电能直接转化为热能，其能效比通常为1，即消耗1 kW·h电仅能产生1 kW·h电的热量。与之相比，空气能供暖技术的能效比可达3～4，在某些理想工况下甚至更高，极大地提高了能源利用效率。

（二）系统构成

空气源热泵系统主要由压缩机、冷凝器、膨胀阀、蒸发器、四通阀、风机以及空调供回水系统等构成。其中，压缩机是系统的核心部件，负责压缩和输送制冷剂；冷凝器用于将高温高压的制冷剂气体冷却成液体，释放出的热量被用于供暖；膨胀阀则调节制冷剂的流量，确保其在系统中稳定循环；蒸发器吸收空气中的热能，使制冷剂蒸发；四通阀用于切换制冷剂的流向，实现制冷和供暖模式的转换；风机则用于加速空气流动，提高热交换效率；空调供回水系统负责将热量传递到室内,实现供暖功能。这些硬件设备的协同工作,使得空气能供暖技术能够高效、稳定地运行。

(三)工作流程

供暖时,空气源热泵系统通过风机吸入外界空气,空气经过蒸发器时,与低温工质进行热交换,使得空气中的热量被吸收到工质中。随后,含有热量的工质被压缩机压缩,温度和压力均得到提升,进入冷凝器。在冷凝器中,高温高压的工质释放出热量,通过热交换器将热量传递给供暖系统循环水,从而实现供暖。冷凝后的工质经过膨胀阀节流降压,再次进入蒸发器,开始下一轮循环。整个过程实现了空气中的低品位热能向高品位热能的转换,高效且环保。

空气能制冷技术与供暖过程相反,在制冷模式下,四通阀切换制冷剂的流向,使得原本用于供暖的热交换过程变为制冷过程。具体而言,空气依然通过风机被吸入蒸发器,但与供暖时不同的是,此时蒸发器内的工质处于低温低压状态,用于吸收空气中的热量,使空气温度降低,达到制冷效果。被吸收的热量通过工质传递到冷凝器,但此时冷凝器并不向供暖系统释放热量,而是通过风扇等散热设备将热量排放到外界环境中。同样,冷凝后的工质经过膨胀阀节流降压,再次进入蒸发器,开始下一轮制冷循环。

虽然理论上空气能供暖技术通过调整工作模式,可实现冬季供暖、夏季制冷的功能,但在目前生产实践中,考虑到用电能耗和供电安全(如在高温高湿环境下,鸡舍所有的风机全开,如果再开空气能设施,耗电太高,一般线路满足不了安全供电需求,线路非常容易出故障,导致停电而热死鸡只,甚至引发火灾等安全事故),夏季主要采用水帘降温,在极端天气,例如,持续高温高湿环境下可配合喷水降温等应急方式,解决极端环境下的降温问题。

这几年来,空气能末端散热形式的改变提高了空气能的供暖效果和经济性能。过去集约化养殖末端采用散热片(或者风机盘管)形式散热,需要采用高温水供暖,空气源热泵出水温度一般不高于60℃,用散热片强制散热容易造成雏鸡体感温度变化太大,产生明显的应激反应。现在采用地暖管模式供暖,在畜禽舍内设置充足的地暖管以热辐射散热,供热较为稳定,可降低供暖水温,提高了空气源热泵效率,为空气能在养殖生产中大规模推广应用创造了条件。

(四)应用优势

在国家碳达峰、碳中和背景下,养殖场燃煤取暖全面被禁,养殖场空气能取暖获得了长足发展,在生产应用中展现出显著的效果和效益。从环保角度来看,养殖场采用该技术供暖,无需燃烧化石燃料,不产生二氧化碳等温室气体排放,环境友好。空气能供暖技术具有高效节能的特点,由于空气中的热能取之不尽、用之不竭,且该技术转换效率高,因此,相比传统供暖方式,能够大幅降低能源消耗,减少运行成本。

在实际应用中,空气能供暖技术还展现出了良好的稳定性和舒适性。该技术能够在不同的气候条件下稳定运行,确保室内温度的稳定和舒适。同时,空气能供暖系统的运行噪声低,不会干扰畜禽生长。

需要注意的是,生产中室外温度越低,养殖棚舍供热需求越高,空气能效率越低,耗电量越大,因此,低温区不建议采用空气能,或者采用空气能+热回收系统组合运行。适合采用空气能取暖方式的区域,也最好配置备用供暖方案,应对极端寒冷天气下空气能供暖不足的问题。

案例 1

青年鸡场（蛋鸡）
——山东凤栖园农牧科技有限公司

一、企业基本情况

山东凤栖园农牧科技有限公司成立于2020年3月20日，位于山东省邹平市码头镇老冯王村，北临黄河，远离居民，优越的地理位置形成了天然的养殖防疫屏障。目前，公司以养殖青年蛋鸡为主，占地约150亩[①]，投资1.5亿元，预计总存栏青年鸡207万只。自2020年4月开工建设至今一期、二期项目已完工投产，建有高标准化全自动鸡舍12栋，采用笼养模式，全部配置5列6层H型鸡笼，单栋育雏舍多可育13万只，青年鸡存栏可达155万只，年可提供不同日龄的优质青年鸡620万只。公司可根据客户需求养殖指定的青年鸡种类。

二、供暖措施及成效

（一）供暖措施

随着科技的发展和环保意识的提高，畜禽养殖业也在不断寻求更加高效、环保、节能的养殖方式。其中，空气能恒温养殖是一种新型的养殖技术，空气能工作时，主要靠电吸收空气中的热量制热，利用空气中的热能，通过热泵原理将热能转化为畜禽舍所需的恒定温度，为畜禽提供舒适的生活环境，促进生长和生产。公司引

---

① 1亩≈667m^2，全书同。

进18台滨州中广欧特斯新能源科技有限公司生产的ZGR-170IIAD型空气能设备，目前公司生产、生活全部依靠空气能取暖。

空气能热泵机组

空气能供暖的技术工艺流程可以分为以下6个步骤：

（1）启动系统。当室内温度低于设定温度时，空气能供暖系统会自动启动。启动后，系统开始工作。

（2）空气采集与压缩。系统通过空气采集装置吸入大气中的空气，然后将空气通过压缩机进行压缩。

（3）热交换与加热。空气压缩后，通过热交换器将空气中的热能传递给制热系统，并将空气加热。

（4）空气释放与再循环。经过热交换后的剩余冷空气通过空气释放装置排出室外，而热量通过管道被输送到室内继续供暖。

（5）室内温度控制。空气能供暖系统通过温度传感器监测室内温度，当温度达到设定值，系统会自动停止工作，实现供暖的控制。

（6）关闭系统。当室内温度达到设定值且不需要再继续供暖时，空气能供暖系统会自动关闭，停止工作。

通过上述流程，空气能供暖系统能够稳定且高效地将自然界中的热能转化为室内的热能，实现供暖的需求。

（二）供暖成效

空气能恒温养殖利用空气中的热能，相比传统的锅炉和电加热等设备，具有更高的能效比和能源利用率，可以大幅度降低能源消耗和运营成本。空气能热泵能够节省高达75%的电能，实现高效节能，为养殖户节省费用。空气能工作时，主要靠电吸收空气中的热量制热，1份电可以吸收约4份热能，因此，空气能运行时耗电量非常低，仅为普通电暖器的25%。

采用50 m³的超大容量缓冲水箱

鸡舍前后都有供暖进水管

此外，空气能取暖还有很多其他优势。例如，安全更有保障，空气能的工作机制无需燃烧，没有废气和粉尘排放，从而消除了火灾、爆炸、中毒等安全隐患，不会损害鸡群和养殖人员健康。加热效果好，空气能具有快速加热的特点，能够快速将室内的温度调整到适宜的温度范围。空气能恒温养殖配备了智能控制系统，可以根据畜禽舍的温度和湿度等参数进行自动调节，节省人工成本和时间。空气能热泵具备自主工作的能力，即使在无人监控的情况下也能稳定运行，而且其温度控制精确且恒定，能够为鸡群提供舒适的环境。维护简便，空气能恒温养殖的维护相对简单，只需要定期检查设备的运行状况和更换滤芯等易耗件即可。

三、注意事项

选择空气能设备时，应根据养殖场的规模和需求选择合适的设备型号和配置，以确保满足温度需求和节能效果。选择质量可靠、性能稳定的设备品牌和对应供应商，以确保设备的正常运行和长期使用效果。

在安装和使用过程中，需要严格按照设备的使用说明进行操作和维护，以确保设备的正常运行和延长使用寿命。在使用过程中，需要定期检查设备的运行状况和能耗情况，及时调整和优化设备的运行状态，以达到更好的节能效果。

总之，空气能恒温养殖是一种新型的畜禽养殖技术，具有高效、环保、节能等优点。在选择和使用过程中，需要结合实际情况进行综合考虑，以达到最佳的养殖效果和经济效益。

案例 2

特色蛋鸡（芦花鸡）场
——山东金秋农牧科技股份有限公司

一、企业基本情况

山东金秋农牧科技股份有限公司位于济宁市汶上县次丘镇，占地1 000余亩，是一家专业从事我国优良地方鸡种——汶上芦花鸡保种、选育、种鸡扩繁、种苗销售、商品鸡饲养、饲料加工、肉蛋产品深加工以及育种和生产技术研发的省级农业产业化重点龙头企业、国家高新技术企业、国家星创天地备案企业,并设有"山东省院士工作站"和"山东农业大学研究生教学、科研与就业实践基地"。现有职工150人,其中,高级职称5人,中级职称10人。拥有全自动孵化设备50台,全自动化环控鸡舍11栋,无公害、生态化养殖基地3处。目前,存栏汶上芦花鸡原种核心群2万只,扩繁群18万只,年出栏优质商品汶上芦花鸡苗3 000万只,产品销售全国各地;固定资产8 000万元,年销售收入2.10亿元。

空气能热泵机组

二、供暖措施及成效

(一)供暖措施

公司为响应国家节能减排政策,使用清洁能源替代燃煤锅炉,自2015年购买了10台52HP的超低温空气源热泵采暖机组用于冬季采暖。空气能热泵的原理是以极少的电能驱动压缩机运转,从空气中吸收大量的低温热量,经过压缩机压缩转化为高温热能,实现对水的加热,是一种节能高效、绿色环保技术。

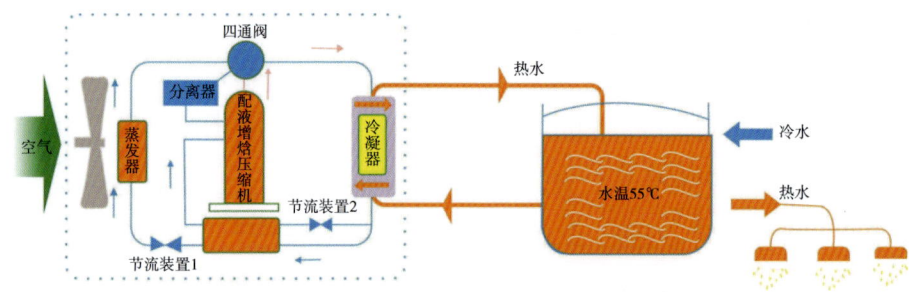

空气能供暖工作原理示意图

（二）供暖成效

空气能热泵热效率COP在3.0~4.0，即热泵产生热能是其消耗电能的3~4倍。也就是说热泵利用环境温度换热，消耗1 kW的电能可以产生3~4 kW的热能，即使在冬季气温零下的环境条件下，热泵制热效率仍然可以达到最高2.0。比起传统的燃煤供暖，空气能养殖热泵更加环保、节能。除此之外，与传统制热设备相比，空气能养殖热泵也更加高效、经济，并能实现全自动智能控制温度，更大限度地降低人工成本。

三、注意事项

（1）该技术使用电能驱动设备在空气中提取能源，当发生停电等无法使用电能时，设备将无法使用，因此，需要养殖场所配备功率相当的发电设备以确保意外停电等情况出现时设备可正常运转。

（2）与原有锅炉采暖方式相比，该技术将使养殖场所的用电负荷增加，推广该技术时需配置满足负荷的变压器及电缆线路，以确保设备可正常使用。

（3）由于不同地区地理气候条件以及畜禽舍建筑设计等差别较大，这些因素都会对畜禽舍环境控制产生影响，所以，应根据养殖场实际情况确定环控调控参数。

案例 3

中小规模商品肉鸡场
——曲阜市宪华养鸡场

一、企业基本情况

曲阜市宪华养鸡场创建于2005年5月，总投资1 500万元，位于尼山镇屯里村，共有两个场区，占地46亩，养殖品种白羽肉鸡，建有自动化智能型养鸡大棚5座，采用3层立体笼养模式，设计肉鸡存栏14万只，年出栏84万只，是一家自动化智能型的生态节能环保养鸡企业。

鸡场外景

2016年，公司先后投资600余万元，改造传统落后养鸡大棚3座，新建自动化智能型养鸡大棚2座，全部采用3层立体笼养模式，安装全自动环境通风设备、环境控制设备、自动送料设备、自动饮水设备、粪污处理设备、大型喷雾设备等各类智能型设备，实现了喂料系统、通风系统、饮水系统、清粪系统和病虫害防疫系统的自动化、智能化控制，节能环保，提高了劳动效率，减少了人工成本开支，同时减少了占地面积，节约了土地资源。

二、采用的供暖措施及成效

（一）供暖措施

养殖场采用空气能供暖，主要设备有5台空气能热泵、循环水泵、保温水箱、温度控制系统等。空气能热泵的工作原理基于逆卡诺循环，通过蒸发器、压缩机、冷凝器和膨胀阀四个主要部件组成的工作系统，将低温热能转化为高温热能。

低温空气源热泵

蒸发器内，制冷剂在低压下吸收空气中的热量并蒸发成气态。制冷剂气体经压缩机压缩，温度、压力进一步升高，随后在冷凝器中释放热量，对循环水加热，同时，制冷剂冷却并凝结成液态，制冷剂液体通过膨胀阀进入蒸发器，再次开始循环。循环水经循环水泵注入保温水箱，保温水箱与5个鸡棚之间各有一个循环水泵，鸡棚内铺设地暖，温度控制系统通过控制循环水泵开关控制鸡棚温度。

保温水箱

（二）供暖成效

相较于传统供暖方式空气能供暖具有环保、节能、安全、智能化等优点。空气能供暖利用了空气中的免费能源，而且通过地暖管道将热量传输到地面的地面辐射供暖方式使热量分布更加均匀，温度控制系统能够实时监测并分析棚舍内外的温度和湿度变化，并据此自动调节，取暖更智能，便于操作，可以有效减少人工，降低能源成本，每只鸡综合可节省约0.2元费用。空气能热泵，无须燃烧燃料，因此，不会排放有害气体或产生烟尘，没有燃料泄漏、爆炸等安全隐患，对环境影响较小，使用过程中较为安全。

三、注意事项

（1）空气能热泵主机不能随意断电。空气能热泵正常运转需要持续提供电力输入，空气能热泵断电之后，由于无法为棚内继续提供热能，随着棚内温度下降，再次启动所需要的热量会更多，造成耗能增加。空气能热泵以水为载体进行传热，在低温环境下出现断电，热泵主机有冻坏风险。不需要空气能热泵主机工作时，应将机组的设定温度调到最低，让机组遇到低温时能够自行启动防冻功能，同时解决能源浪费和机组防冻的问题。

（2）空气能热泵运行时不能乱动控制面板功能键。空气能热泵的操作比较简单，但是，也有很多按钮需要提前设置和用户自己动手调节，如果不熟悉操作的用户乱动控制面板的功能键，很可能会影响到热泵主机的正常运行。

（3）空气能热泵出现故障时应及时联系售后。空气能热泵属于电气化设备，有一定的故障率。倘若在运行过程中出现故障，不能盲目自行调试，应该及时联系相应的厂家或者维修人员，并告知他们控制面板上显示的故障代码，按照售后人员的指导进行操作或等待上门维修。

（4）低温环境应及时清理空气能热泵主机周边的化霜水。热泵主机工作时会流出冷凝水，在低温环境下，流出的冷凝水容易凝结成冰柱，从地面直达热泵主机的冷凝水排水孔，进而造成热泵主机排水不畅，更严重的会冻结热泵主机内部的管道，对热泵主机造成损坏。用户应该及时查看热泵主机冷凝水化霜的情况，及时处理凝结成的冰柱，在热泵主机安装的时候应考虑到后期使用化霜水结冰的问题，热泵主机离地50 cm以上最佳，并保持化霜水能够通畅地排走。

（5）空气能热泵主机周边不能堆放杂物。空气能热泵通过吸收周围环境中空气的热量，再通过压缩机不断做功，将热量转移给采暖循环水。热泵主机周边堆积的杂物或者生长的杂草会造成热泵主机周边的空气循环不流畅，影响热泵主机的制热能力。应及时清理热泵主机周边的障碍物，热泵主机风扇的正前方应保持2 m内没有遮挡物。按时对热泵主机做清洗保养，清理热翅片黏附的灰尘、油污、蜘蛛网、落叶、花粉等杂物。

案例 4

大规模商品肉鸡场（小型白羽肉鸡）
——山东好友养殖有限公司

一、企业的基本情况

山东好友养殖有限公司成立于2020年12月，主要从事西装鸡、三黄鸡的加工生产，是集孵化、放养、养殖、成品鸡加工于一体的大型企业，位于临清市王井村北路以北、大唐电力西邻，存栏可达到240万只，占地200亩，其中，33栋鸡舍占地120亩，年出栏817肉鸡1 200余万只。

公司采用立体多层养殖模式，通过优化配置肉鸡立体养殖设施设备，提高单位土地面积产出，配套了数字化、智能化鸡舍环境控制装备系统，进一步改善了肉鸡饲养环境和生存条件；为了落实绿色环保理念，耗资500多万元安装33台空气能机组，用于鸡舍取暖，取得了良好效果，不仅节省了煤炭、降低了碳排放，更重要的是解决了鸡舍温热不均、通风不良问题，对疫病防控、提高肉鸡成活率起到了明显的促进作用。

二、采用的绿色低碳供暖技术

（一）传统供暖

传统养殖是运用燃煤作为取暖媒介，存在问题：一是容易出现含硫气体污染环境现象，产生大量温室气体；二是小型取暖设施容易出现温度散布不均匀现象，造成舍内温差小气候，导致生产性能不稳定，甚至疾病发生等问题，因此，可能产生不可估量的损失。舍内采暖最大的风险即是通风和温度调节不平衡，小气候环境不可控，环境恶化产生的隐形损失较大。

（二）空气能供暖

如今畜牧养殖业已从传统养殖转向了科技化、规模化的技术模式，从养殖成本、设备、加工、消费等方面都有了显著的进步。相对地，这样的变化趋势就会对取暖、热水有很大的用量需求，空气热泵正好能够满足这方面需求。该项技术的应用，解决了养殖场燃煤取暖问题，不仅实现了养殖环节降碳节能，还进一步改善了养殖舍内环境，提高了雏鸡成活率和饲料利用率，促进了畜禽养殖绿色发展。

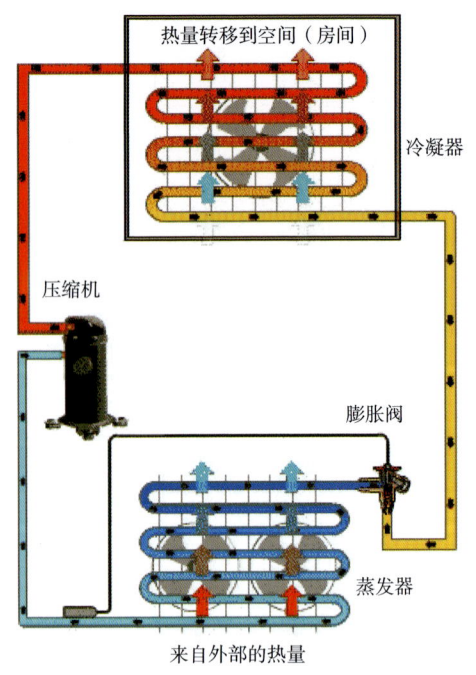

空气能供热工作原理示意图

该公司自2021年投产以来一直采用空气能热泵采暖保持恒温，取得了很好的使用效果。空气能热泵是一种以空气源为热源的热量，在通电下可以吸收大量空气中的热量,来产生热能,实现全天24 h恒温提供大量热水用于供暖。同时,又以最少的能源消耗完成上述要求。采用空气热能泵取暖保温,不仅节约了能源,降低了碳排放,还提高了生产效率。

根据雏鸡特性,雏鸡生长需要的温度随日龄的增长而逐渐降低,一般1~2日龄育雏室温度为34~35℃,以后每7 d平衡降温3℃,到第28天温度降至约21℃。产蛋鸡的需求稍有不同,最适合的温度为18~23℃。

空气能热泵机组

空气能热泵采暖的技术优点:一是机组可根据温度自动调节,满足孵化、养殖的温度需求,无须手动调节,大大节省时间成本和人工成本。二是空气能运行过程中不会排出有毒气体,不会对环境造成污染,更不会影响鸡苗的健康成长。三是空气能热泵采暖机搭配地暖使用,地面辐射供暖是通过地暖管道来输送热量,把热量传到地面上来,热量更加均衡。四是空气能热泵每消耗1份电量需要吸收3份以上空气中的热量,最终可以制取4份以上的热能用于供暖,高效节能。其制热效率是传统电采暖的近4倍,燃气采暖的3倍,太阳能采暖的近2倍(一年四季光照不好的地区)。五是空气能热泵一机可两用,不仅可以提供冬季的恒温取暖,在高温高湿等极端天气条件下也可以制冷辅助降温,保持鸡舍的恒温需求。空气能热泵是根据逆卡诺原理工作。通过压缩机系统运转工作,吸收空气中热量制造热水。具体过程是:压缩机将冷媒压缩,压缩后温度升高的冷媒,经过水箱中的冷凝器制造热水,热交换后的冷媒回到压缩机进行下一循环,在这一过程中,空气热量通过蒸发器被吸收导入冷媒中,通过冷媒再导入水中,产生热水。通过压缩机空气制热的新一代热水器,称为空气能热泵热水器。形象地说,就是"室外机"像打气筒一样压缩空气,使空气温度升高,然后通过一种-17℃就会沸腾的液体传导热量到室内的储水箱内,再将热量释放传导到水中。六是空气能热泵通常安装在养殖舍外,出风口通过风管舍内相连,使得吹出的冷风能直接进入舍内,达到制冷的效果。安装时只需将冷热水口与舍内冷热水连接,通上即可使用,安装非常简便。

(三)供暖成效

好友养殖有限公司采用空气能取暖,从鸡舍供暖的要求和应用效果来看,空气能热泵取暖设备是适合鸡场使用的。专业的空气能热泵厂家,研发了一系列养殖专用的空气能热泵机组,合理采暖系统设计,可以让养殖户大大提高经济效益。经测算,该公司每批次育雏(200万只)比燃煤取暖可以节省取暖费用15万元左右,雏鸡成活率能够提高到98.5%,比原来提高1~1.5个百分点,饲料利用率提高2个百分点。

温度是饲养鸡的最根本的条件之一。温度合适,雏鸡体质强健、长得快,饲料利用率高、雏鸡成活率高。温度太高,鸡只采食量减少、饮水量过多、生长迟缓;温度过低,雏鸡卵黄吸收不好,易引起呼吸道疾病、消化不良、增加饲料耗费量、降低饲料报酬，胸、腿病发生率明显增高。

随着生态环境治理的力度加大，一些低耗节能的产品被研发应用，也给社会带来了很好的生态效益和社会效益。空气热能泵的应用，使得好友养殖公司一年就节约用煤6 000 t，减少大量的含硫气体和二氧化碳等温室气体排放，对环境保护的作用显而易见。提高雏鸡成活率，该公司年可多饲养肉鸡12万余只；饲料利用率提高2个百分点，年可节省饲料20万kg；经济效益明显，该方式可以降低劳动成本，节省开支10万余元。

三、注意事项

空气源热泵热水器是自动化程度较高的设备，需要定期进行机组状态检查。

（1）检查内容包括：在使用和维护空气能热泵机组时，机组内所有安全保护装置均在出厂前设定完毕，切勿自行拆装或调整。使用空气源热泵热水器要经常检查机组的电源和电气系统的接线是否牢固，电气元件是否有动作异常，如有应及时维修和更换。

（2）定期清洗。机外安装的水路过滤器应定期清洗，保证系统内水质清洁，以避免机组因过滤器脏堵而造成主机损坏。

（3）清理杂物。机组周围请勿堆放杂物，以免堵塞进出风口，机组四周应保持清洁干燥，通风良好。

（4）水系统维护。经常检查水系统的补水、水箱安全阀、液位控制器和排气装置工作是否正常，以免空气进入系统造成水循环量减少，从而影响机组的制热量和机组运行的可靠性。

（5）经常检查机组的各个部件的工作情况。检查机内管路接头和充气阀门是否有油污，确保机组制冷剂无泄漏。每年清洗空气侧换热器，以保持良好的换热效果。检查水泵、水路阀门是否工作正常，水管路及水管接头是否渗漏。主机冷凝器清洗，每2年使用50～60℃、浓度为15%的热磷酸液清洗冷凝器，启动主机自带循环水泵清洗3 h，最后用自来水清洗3遍。禁止用腐蚀性清洗液清洗冷凝器。若停机时间较长，应将机组管路中的水放掉，并切断电源，套好防护罩。

（6）再运行时，开机前对系统进行全面检查。当空气源热泵热水器实际出水温度与机组控制面板显示数值不一致时，请检测感温装置是否接触良好。水箱须在使用一段时间后（一般为3个月，具体根据当地水质而定）清洗水垢。

若能对机组进行长期有效的维护与保养，机组的运行可靠性和使用寿命都会得到明显提高。

案例5

大规模商品肉鸡场（白羽肉鸡）
——兰陵县安巨农牧有限公司

一、企业基本情况

兰陵县安巨农牧有限公司成立于2018年8月，目前，从业人员36人，项目地址位于兰陵县南桥镇宋疃村，主要从事白羽肉鸡养殖。公司占地近百亩，共计20栋鸡舍，每批出栏肉鸡100万只，年出栏量600万只白羽肉鸡，实现年销售额1.2亿元。公司采用立体多层养殖模式，通过优化配置肉鸡立体养殖设施设备，提高单位土地面积产出，配套了数字化、智能化鸡舍环境控制装备系统，改善肉鸡饲养环境和生存条件；为了实现绿色环保理念，耗资600多万元安装32台空气能机组，用于鸡舍取暖。集成肉鸡饲养管理技术、节粮饲料技术、疾病防控技术，提高肉鸡健康水平和生产性能。

空气源热泵机组

二、供暖措施及成效

（一）供暖措施

养殖场采用空气能（空气源热泵）的方式供暖。空气源热泵通常由压缩机、冷凝器、蒸发器和膨胀阀四部分构成，传热工质在机组内封闭运行，并通过冷凝器和蒸发器与外部发生热交换。

空气源热泵机组是由多台模块式空气源热泵机组单元组合而

成。每个单元模块的形式性能相同，每个单元模块有两个完全独立的制热系统，即在负载从最小变到最大的情况下，使机组的输出保持最佳匹配。

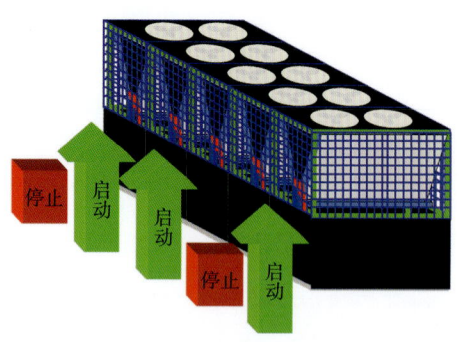

制热系统示意图

空气源热泵原理：机组运行依据是逆卡诺循环原理，液态工质首先在蒸发器内吸收空气中的热量而蒸发形成蒸汽（汽化），汽化潜热即为所回收热量，而后经压缩机压缩成高温高压气体，进入冷凝器内冷凝成液态（液化）把吸收的热量传递给需要加热的水，液态工质经膨胀阀降压膨胀后重新回到膨胀阀内，吸收热量蒸发而完成一个循环，如此往复，不断吸收低温源的热而输送至所加热的水中，直接达到预定温度。

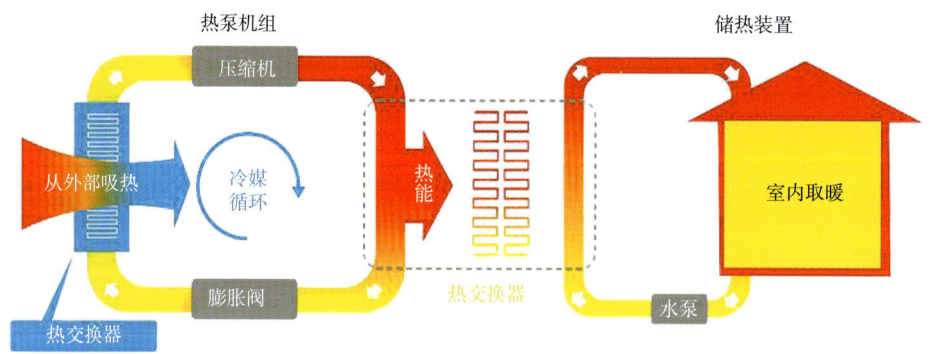

空气源热泵原理图

（二）供暖成效

该空气能供暖设备的智能变频控制系统可根据室内供暖需求和室外环境温度，自动调节机组运转性能。空气能供暖设备通过加热水作为中间介质将热量送至末端，再通过环控来调节禽舍温度，使得热量更加均衡，可有效降低鸡苗死亡率。设备工作时，主要靠电吸收空气中的热量制热，采暖耗电量仅为普通电暖器的25%。空气能供暖时无明火、无废气排放和粉尘产生，既不会对大气环境和家禽的健康带来伤害，更不会引发火灾、爆炸、中毒等危险事故。安巨农牧有限公司年出栏600万只肉鸡可节省煤炭330 t，减少二氧化碳排放量约为864.6 t，二氧化硫排放量约为2.8 t，氮氧化物约为2.4 t。

三、注意事项

（1）空气能热泵主机不要随意断电。空气能热泵作为采暖设备不需要使用燃气、煤炭等化石燃料，但必须给空气能热泵主机提供电力输入，才能使整套系统正常运转，通电运转时，必须保证电能供给的正常，尤其确认零线的通断。

（2）空气能热泵运行时不要乱动控制面板功能键。空气能热泵的操作比较简单，但是也有很多按钮需要提前设置和用户自己动手调节，如果不熟悉操作的用户乱动控制面板的功能键，很可能会影响到热泵主机的正常运行。

（3）低温环境及时清理空气能热泵主机周边的化霜水。热泵主机在供热的时候会流出冷凝水，外界环境温度非常低时，化霜水很容易凝结成冰柱，从地面直达热泵主机的冷凝水排水孔，进而造成热泵主机排水不畅，更严重的会冻结热泵主机内部的管道，对热泵主机造成破坏，应及时查看热泵主机冷凝水化霜的情况，及时处理凝结成的冰柱，热泵主机离地50 cm以上最佳，并保持化霜水能够通畅地排出。

（4）空气能热泵主机周边不要堆放杂物。空气能热泵通过吸收低温环境中空气的热量，再通过压缩机不断做功，将热量转移至采暖循环水中，而完成热量交换的主要部件是蒸发器的翅片。如果热泵主机周边堆有很多的杂物或者长有茂盛的杂草，造成热泵主机周边的空气循环不流畅，热泵主机上的翅片从空气中吸收的热量就会比较少，进而影响热泵主机的制热能力，室内得到的热量也会变少，造成能耗高而室内温度低的情况。因此，热泵主机风扇的正前方保持2 m以上没有遮挡物。不要在热泵主机周边堆放杂物，将生长起来的绿植清理干净，定期给热泵主机做清洗保养，将换热翅片上黏附的灰尘、油污、蜘蛛网、落叶等清理干净。

大规模商品鸭场
——临沂市鑫亿晟农牧科技股份有限公司

一、企业基本情况

临沂市鑫亿晟科技股份有限公司成立于2020年，公司位于河东区汤头街道隆沂庄村，占地面积197.45亩。项目总投资6 800万元，设计年出栏肉鸭数量1 200万只，一期投资3 600万元，建设12个高标准现代化养殖棚，二期投资3 200万元，建设13个养殖棚。目前共建有17栋养殖棚舍，采用三层立体网养模式，年出栏800万只。

养殖基地俯瞰图

二、采用的供暖措施及成效

（一）供暖措施

采用空气能供暖，核心设备是空气源热泵，热泵是一种利用机器将低温环境中的热量转移到高温环境中去的装置。空气源热泵遵循能量守恒定律和热力学第二定律，通过消耗一部分机械功，将空气中的热量与电能一起送到高温环境中去应用。

空气源热泵机组

空气作为热泵的低位热源，取之不尽，用之不竭，且可以常年使用，不受天气影响。空气源热泵的节能效率是电热水器的4倍以上。其可以节省约70%的能源，相比水电气三者而言，成本最低。使用空气源热泵环保无害，没有燃烧排放物，不会对环境造成污染，符合现代社会对可持续发展的要求。

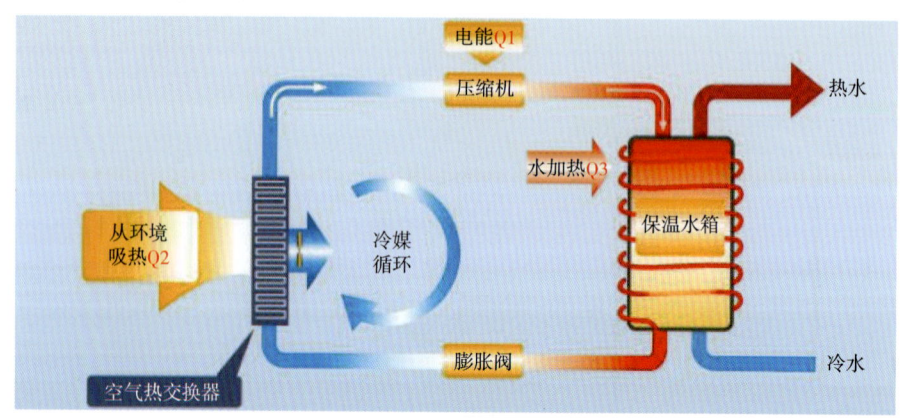

空气能供热原理示意图

（二）供暖成效

空气能热泵作为供暖系统的核心部分，利用空气中的免费热能进行加热，能效比高，相较于直接电能供暖或燃气供暖，可以节省大量的能源费用。空气能热泵配备有智能控制系统，可以根据养殖场的实际需求自动调节温度和湿度，实现智能化管理。并且在运行过程中不会产生任何有害物质，对环境和养殖动物无害。

采取空气能供暖方式后，不仅提高了供暖保温效果，相比燃煤、燃气等方式节能降耗效果更好。临沂市鑫亿晟科技股份有限公司年出栏800万只肉鸭，可节省煤炭460 t，减少二氧化碳排放量约为1 190 t，减少二氧化硫排放量约为3.9 t，减少氮氧化物约为3.3 t。

三、注意事项

采用该供暖工艺措施的关键控制点为空气能机组正常运转及电辅热开关能有效控制,从而保持热量的稳定。

(1)保持电源稳定,不要频繁开关机。空气源热泵需要稳定的电源供应,避免电压不稳或频繁断电。频繁开关机会影响热泵的使用寿命,并可能导致能耗增加。

(2)保持主机周围无遮挡,避免覆盖主机。空气源热泵是通过吸收空气中的热量来工作的,因此,主机周围应保持通风流畅,无遮挡物。外机上不能覆盖保暖物,会阻挡热泵从空气中获取热能,甚至可能将覆盖物带入机器中,影响系统的正常运行。

(3)合理设置温度。在使用空气源热泵供暖时,不要为了追求"热"而将室温设置得过高。温度高的同时机组工作的时间会更长,也更加耗电。

(4)定期检查与保养。定期对空气源热泵进行检查和保养,可以及时发现并解决问题,延长使用寿命,特别是在采暖期结束后,建议每月让机器运行5~10 min,以确认机组是否正常运行。

案例 7

中小规模商品肉鸭场
——昌乐大肥鸭禽类养殖专业合作社

一、企业基本情况

昌乐大肥鸭禽类养殖专业合作社位于昌乐县营丘镇高家庙村,

公司成立于2022年2月28日。该项目总占地130亩，共投资2 600余万元，建设11栋标准化鸭舍及相关配套设施，每栋鸭舍可存栏3.4万只肉鸭，年出栏肉鸭260万只。该场为肉鸭三层立体笼养，通风、加料、饮水、温控、光照、清洁等均为全自动智能控制。

空气源热泵机组

二、采用的供暖措施及成效

（一）供暖措施

该场鸭舍供热热源采用AVR低环境温度空气源热泵（冷水）机组，鸭舍内末端部分采用地暖管集中供热。由第7栋鸭舍东北部，分别向两边供水供热。该场综合考虑供暖负荷、运行经济性及建筑物美观和谐等因素，花费180万元，共购买14台模块式低环境温度空气源热泵（冷水）机组、1组管道式电加热设备、3台供暖循环水泵。模块式低环境温度空气源热泵（冷水）机组作为热源，管道式电加热设备作为机组故障时应急使用，供暖循环水泵二用一备（2台使用，1台备用）。采暖水系统采用"一次水循环加热方式"，设一只40 t的不锈钢方形缓冲水箱，该水箱为缓冲蓄热水箱，设计成开放式保温水箱，具备储能作用，补偿日夜温差引起的机组输出热量的不平衡。通过电脑控制鸭舍内温度，当室内温度低于设定温度时，空气能供暖系统会自动启动。启动后，系统开始工作，系统通过空气采集装置吸入大气中的空气，然后将空气通过压缩机进行压缩。经过空气压缩后，通过热交换器将空气中的热能传递给制热系统，并将空气加热。

（二）供暖成效

采用空气能采暖，符合绿色、低碳、环保理念，无任何污染，无任何燃烧外排物，不会对人体、自然造成损害，具有良好的社会效益。同时运行成本低，节能效果突出，投资回报期短，空气源热泵可节约70%的能源；与燃气、电和电辅助加热的太阳能取暖相比较，成本是燃气取暖的1/3，是电取暖的1/4左右。

三、注意事项

空气能采暖在超低温运行时易出现故障，该场在配建时应综合考虑鸭场所处位置、潍坊市冬季供暖室外设计参数等因素，特别基于肉鸭养殖供暖稳定性的考虑，该场增加了模块式低环境温度空气源热泵（冷水）机组的数量，遇严寒、恶劣天气同时启动多组设备。供暖循环水泵也采取二用 备。加大贮能水箱的容积，避免机组启停或冬季融霜能耗增加造成供热的不稳定，根据采暖末端形式特点的不同，水循环系统可采用小温差循环，以保证室内供暖水温的稳定。

二、燃气供暖技术的应用

（一）技术概述

燃气供暖是以天然气、液化石油气等能源作为燃料，利用锅炉、热电联产机组等集中式供暖设备或者采用壁挂炉等分散式供暖设备，通过燃烧产生热能，利用热交换器将热能传递给供暖系统，最终将热量输送到建筑内部，对目标环境进行供暖。相较于传统燃煤取暖，该技术具有设备燃烧效率高、污染物排放量少等优点。

（二）设备组成

燃气锅炉是燃气供暖系统的核心设备，主要负责将燃气燃烧产生的热能传递给供暖系统中的水或空气。燃气锅炉的种类多样，包括壁挂式锅炉、立式锅炉、冷凝式锅炉等，不同种类的锅炉适用于不同规模和需求的建筑。燃烧器则负责安全、高效地燃烧燃气，产生足够的热能。

热交换器是燃气供暖系统中的关键设备之一，主要用于将燃气燃烧产生的热量高效地传递给供暖媒介（如水或空气）。热交换器的设计直接影响到系统的热效率和供暖效果。

供暖管道是将加热后的供暖介质输送到畜禽舍内，通过散热器或地暖装置等将热量释放到环境，实现养殖供暖。

控制系统主要由温控器、传感器、执行机构等组成，用于实时监测和调节供暖系统的运行状态，确保系统的高效、安全运行。现代燃气供暖系统通常配备智能控制系统，能够根据室内外温度的变化自动调节供暖温度，进一步提高系统的能效。

燃气供应系统包括燃气管道、调压设备、燃气表等，确保燃气能够稳定、安全地输送到燃气锅炉。燃气供应系统的安全性和稳定性是燃气供暖系统正常运行的前提。

（三）运行流程

供暖时，燃气通过管道系统被输送到燃气锅炉中，在锅炉内，燃气经过燃烧器的燃烧，释放出大量的热能。这些热能随后被传递给供暖介质，使其被加热至一定温度。加热后的供暖介质通过管道系统被输送到畜禽舍内。在畜禽舍内，供暖介质通过散热器、地暖装置或其他供暖设备将热量释放到环境中，从而实现供暖。在整个过程中，控制系统发挥着至关重要的作用，它负责监控和调节燃气燃烧过程、供暖介质温度以及供暖设备的运行状态，确保整个供暖系统的安全、稳定和高效运行。为确保供暖效果和安全性，燃气供暖系统还需要定期进行维护和保养，包括检查燃气管道、燃烧器、散热器等设备的工作状态，以及清洗和更换必要的部件等。通过这些措施，可以确保燃气供暖系统长期稳定运行，为用户提供舒适、安全的供暖环境。

（四）应用效果

燃气供暖技术的热效率通常可达到90%以上，远高于传统的燃煤供暖方式。在寒冷冬季，开启燃气供暖后，短时间内就能让舍内温度提升至目标温度，一般1~2 h内室内温度可升高5~10℃。相较于传统的燃煤供暖方式，燃气供暖技术以其清洁、高效的特性，有效降低了养殖过程中的碳排放，为畜牧业绿色发展提供了有力支撑。

在实际应用中，燃气供暖技术展现出了良好的适应性和稳定性。供暖稳定，不受外部温度影响，无论在寒冷的冬季还是气候多变的季节，燃气供暖系统都能够迅速响应，为畜禽提供适宜的生长温度。比如，燃气取暖可以弥补在极寒天气下空气能取暖方式效率低或不能正常供暖的问题。

此种供暖模式的局限性在于燃气管道建设比较难，未必每个养殖场都有条件铺设燃气管道，同时，养殖场建设比较偏远且比较分散，使用效价相对于空气能供暖大约是2∶1，使用价格比较高。

案例 1

猪　场
——新希望六和（淄博）农业科技发展有限公司

一、企业基本情况

新希望六和（淄博）农业科技发展有限公司位于山东省淄博市淄川区昆仑镇上甘泉村村委北500 m，总投资5亿元，占地1 464亩，建筑面积100 000 m²，建有3栋4层妊娠育肥楼、产仔育肥楼，2座独立公猪站、实验室、洗消中心及配套粪污处理设施、办公生活区等，是新希望六和股份有限公司江北最大的猪种核心繁育基地。该养殖场操作全部自动化，自动上料、自动喂水、自动清理。猪舍内温度通过设备调控，一年四季保持均衡，空气中的PM2.5入猪舍前全部被过滤掉。

该项目于2022年10月建成投产运营，品种为杜洛克、大白、长白、PIC。截至2024年6月30日，总存栏16 909头，其中生产母猪3 465头，后备母猪1 061头；查情公猪68头，生产公猪102头，后备公猪39头；选育种猪2 976头，保育种猪3 589头，断奶选育种猪

1 758头，哺乳仔猪4 031头。2024年上半年销售种猪6 148头，供种范围包括山东、江苏、安徽、河北、辽宁、内蒙古等地。

目前，该项目已通过山东省省级标准化示范场、山东省省级生猪核心育种场、山东省智能牧场、山东省智慧畜牧应用基地的专家现场验收。

二、采用的供暖措施及成效

（一）供暖措施

新希望六和（淄博）农业科技发展有限公司养殖场供暖系统主要由光伏发电系统、燃气加热系统（燃气空气加热器、壁挂炉、电地暖）、挤塑聚苯乙烯保温泡沫保温系统三部分共同构成。光伏发电系统为燃气加热系统提供控制电力保障，燃气加热系统由燃气空气加热器、壁挂炉、电地暖提供热源，挤塑聚苯乙烯保温泡沫板为圈舍提供良好的保温性能。光伏发电系统、燃气加热系统和挤塑聚苯乙烯保温泡沫保温系统共同构成一个完整高效的供暖系统。

光伏发电系统

光伏发电系统示意图

供暖系统工作原理：光伏发电系统基于光生伏特效应，产生电流直流电，通过逆变器转换为交流电，将太阳能所产生的电能在猪场的电网中使用，多余电能可储存或并网。在猪场中，这些电能一部分直接供电给电热供暖系统产生热源，另一部分作为控制系统的用电。该系统在日照充足时满足供暖需求并可能产生多余电能，而在夜间或阴天则使用储存或电网电能继续供暖，有助于减少对化石燃料的依赖，降低运营成本，并减少温室气体排放，符合绿色低碳的发展趋势。

燃气加热系统主要由燃气空气加热器、壁挂炉、电地暖组成。电地暖利用部分光伏发电系统产生的电能产生热量，当光伏产生热量不足时采用电网电能，主要用于仔猪取暖；燃气空气加热器和壁挂炉使用天然气作为燃料，能快速提供所需热量，燃气空气加热器和壁挂炉通过先进的控制系统精确控制温度，维持猪舍恒温环境，保障动物健康和生产效率，并拥有自动调节功能，进一步节省燃气。

燃气空气加热器布置灵活，能满足猪舍不同区域的需求，实现集中或局部供暖，适应不同阶段猪只生长的温度要求。燃气空气加热器具有维护成本低,故障率低,且设计有多种安全保护措施,运行安全等特点。

燃气空气加热器

壁挂炉使用燃气作为燃料,当壁挂炉感知供暖需求时,启动风机进行前吹扫,随后风压差开关打开燃气电磁阀,混合气体被点火电极点燃。燃烧产生的热量被主换热器吸收,加热流经的水,这些热水通过循环泵送至猪舍内的供暖系统。

燃气壁挂炉

电地暖利用部分光伏发电系统产生的电能产生热量,当光伏产生热量不足时采用电网电能,主要用于仔猪取暖。

燃气壁挂炉供暖管道分布

挤塑聚苯乙烯保温泡沫保温系统使用挤塑聚苯乙烯保温泡沫作为高效隔热材料,以极低的热导率、良好的抗湿性、极强的稳定性和耐久性确保了圈舍的保温性能,与加热系统一起保证了圈舍温度的稳定和节能效果。

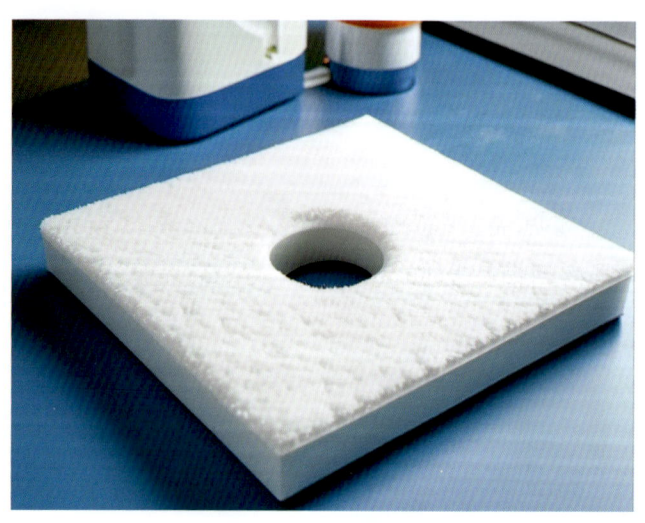

挤塑聚苯乙烯保温泡沫板

（二）供暖成效

新希望六和（淄博）农业科技发展有限公司在绿色低碳供暖方面取得了显著成效，自动化温控系统的精准控制可以使猪舍内温度波动范围在±1℃内，为猪只提供稳定生长环境。优化后的供暖系统使每头猪的年度供暖成本控制在10元以内，且高效供暖系统的初始投资在2年内即可通过节约的能源费用和提高的生产效率回收。适当的温度控制不仅将仔猪成活率从90%提升至95%，还使育肥猪的日增重增加10%，缩短了出栏周期。此外，高效的通风和加热系统减少了50%的氨气排放，改善了空气质量，并提高了生物安全水平。适宜的工作环境温度减少了职业病风险，员工满意度提升至90%以上，且供暖系统的事故率低于行业平均水平。未来，公司计划建立沼气发电系统，利用猪粪产生的沼气作为供暖能源，并致力于在未来5年内将碳排放量降低30%，以实现企业长期效益与可持续性发展。

三、注意事项

（1）猪场设计注重南北朝向与保温性能，控制好窗墙面积比，并采用高效保温材料，猪舍高度适中以促进空气流通。

（2）猪舍内温湿度需严格控制，特别是湿度管理，需预留通气孔并适当遮盖，同时加强通风以保持环境质量。

（3）供暖设施需安装烟筒及排烟装置，确保安全使用，远离易燃物，并加强夜间值班以防火灾。同时，保障暖气和热风炉的水循环畅通，定期检查暖风机油箱，畜禽空调使用需参考说明书。

（4）猪场重视员工安全健康，加强员工培训，使其掌握供暖设施的正确使用和基本维护知识，预防事故发生。

案例 2

肉种鸡场
——科宝（湖北）育种有限公司日照招贤农场

一、企业基本情况

科宝（湖北）育种有限公司日照招贤农场是科宝（湖北）育种有限公司下设的分子公司，公司成立于2021年7月，目前拥有员工40人，大专及以上学历15人。场区位于山东省日照市莒县招贤镇沙沟村；占地面积近100亩，公司按照一流标准化养殖场建设和改造，共计投入3 000余万元。场区内设有员工生活区、员工娱乐区和生产区。场区生产区域包含12栋鸡舍，设计产能最大可达到50 000只，设计年生产种蛋500万枚。目前已投入生产运营3年。2022年产出合格种蛋300余万枚；年产值3 900万元；2023年产出合格种蛋350万枚；年产值4 600万元。截至2024年6月年产出合格种蛋400万枚，目前存栏44 600只；截至2024年6月年产值5 200万元。

养殖场区外景

二、采用的供暖措施及成效

(一) 供暖措施

公司招贤镇场区12栋鸡舍整体采用双正压室外直燃暖风机供暖,每个鸡舍单独配有6台暖风机,交错分布于鸡舍两侧,2台暖风机作为一组将鸡舍分为3个区域,各区域分别采集温度数据,通过环控设备整体分析,各区域分别加热;其中,两个鸡舍分别配有热回收和空气能设备作能效消耗对比试验。

(二) 供暖成效

(1) 直燃式暖风机供暖方式相较于传统集中加热水循环供暖系统,很大程度上避免了输送过程中热量损耗和热转换效率低等弊端。各鸡舍分别供暖,然后舍内分区,有需要时加热,不需要时不加热,此种供暖方式相较于集中加热水循环供暖方式大大减少了不必要的资源浪费等情况。此种供暖方式在供暖季节初期与末期节能效果尤为明显,单供暖季节省燃气量15%~20%。

直燃式暖风机

（2）采用空气能加热水循环供暖系统的鸡舍是将燃气消耗转变为电能的消耗。此种供暖方式的电费成本，相较于燃气加热供暖时浮动的燃气价格来说成本较为固定。且电费价格远低于每年增长的燃气价格，采用空气能加热方式时相较于直燃式暖风机供暖方式，单个供暖季可降低成本5%~10%。

空气能供热系统

（3）直燃式暖风机供暖并配套热回收系统的鸡舍，是利用热回收系统替代鸡舍通风系统回收部分热能，从而降低燃气用量。单供暖季可节省燃气用量3%~7%。

鸡场热回收系统

三、注意事项

（1）采用直燃式暖风机供暖方式，首先，燃气管道数量和覆盖区域增加，需要严格遵守用气安全和加强监管、检测力度；其次，相较于传统集中加热水循环供暖系统，此加热系统中独立用气设备数量增加，故障发生频率相对也增加，因此，需要增加检修频率及易损件的储备。

（2）采用空气能加热水循环供暖系统，首先，应主要考虑用电负荷的增加，场区供电设备容量是否能够满足用电设备负荷，供电电缆是否能够达到负荷要求；其次，还要考虑空气能设备功率、效率，当遇到设备自动化霜功能运行时，要考虑是否还能满足鸡舍内温度需求，因此，建议仅使用空气能加热供暖系统时，选用2台或2台以上机组，设定机组运行先后级别，避免同时化霜。

（3）直燃式暖风机供暖并配套热回收系统的鸡舍，主要考虑热回收系统设备通风量是否能够满足各饲养阶段通风量，需要定期清理风道排管灰尘，以免影响通风量和热回收效果。

案例 3

种鸭场
——利津六和种鸭有限公司

一、企业基本情况

利津六和种鸭有限公司是集祖代种鸭饲养、鸭苗孵化与销售于一体的祖代种鸭生产企业，公司现有标准化祖代种鸭场2处，高标准大型孵化场一处，为国内一流的祖代种鸭生产企业，年存栏祖代种鸭300单元（142只/单元），年提供优质父母代鸭苗220万只。

种鸭一场：位于盐窝张旺二村西1 km，占地68亩，2011年12月建成。

种鸭二场：位于盐窝小麻湾村西1.5 km，占地面积52亩，2012年11月建成。

为践行国家"双碳"目标，企业已对原有燃煤供暖系统进行全面改造，引入绿色低碳供暖技术，实现了养殖环节的节能降耗与环保升级。

场区大门

鸭场外景

二、供暖措施及成效

（一）供暖措施

养殖场鸭舍采用直接式燃气热风炉供暖，主要设备为每栋装配燃烧机、鼓风机和电控系统的直接式燃气热风炉一体机及配套输风暖管道。直接式燃气热风炉是一种通过燃气燃烧直接加热空气的设备,其核心特点是燃烧气体与加热空气直接接触,无需中间热交换器。

冷空气通过风机强制吸入热风炉内,与燃烧产生的高温烟气直接混合,高温烟气与冷空气在燃烧室内或混合腔中充分接触,通过热对流和热辐射将热量传递给空气,迅速提升空气温度,加热后的混合气体经暖风带出风口排出,输送至鸭舍内。通过温度传感器实时监测出口空气温度,反馈至控制系统,自动调节燃气阀开度及风机转速,维持设定温度。

热风炉管道　　　　　　　　直接式燃气热风炉

后勤人员及员工住所采用全预混燃气相变潜热能高效锅炉供暖,设备由燃气相变潜热能装置、换热器、循环泵和变频控制系统组成。

全预混燃气相变潜热能锅炉结合了全预混燃烧技术和相变潜热能回收技术,通过优化燃烧过程并充分回收烟气中的水蒸气潜热,实现超高效率和极低排放。全预混燃烧阶段,燃料和空气在进入燃烧室喷嘴前,按比例经过预混腔将气体搅散混合后经过表面燃烧,热量通过辐射和对流快速传递至锅炉主换热器。再经过一次换热过程吸收燃烧产生的高温烟气中的显热，二次换热过程回收烟气中水蒸气释放的潜热，提升热效率。

全预混燃料相变潜热能高效锅炉

（二）供暖成效

直接式燃气热风炉供暖及全预混燃气相变潜热能高效锅炉供暖相较于传统空气能供暖方式具有高效节能、升温迅速、绿色环保、控制先进等优点。燃烧机的燃烧效率高达99%，释放出的热量直接将空气加热后输出，几乎没有热量损失，在有效降低公司使用能源成本的同时能快速、均匀提升鸭舍内温度，改善动物生长环境，提高生产效益。相对于传统燃煤锅炉供暖热效率高、成本低，且无须处理煤渣和烟气脱硫，符合国家绿色环保政策。

全预混燃气相变潜热能高效锅炉采用全预混金属燃烧器，以特种金属作为燃烧表面，燃烧强度高。燃烧器以微焰形式燃烧，发热均匀、效率高，根源性降低燃气使用量。同时，该供暖方式可根据温度需求负荷，自适应从怠速至100%之间无级变频调节输出负荷，能够做到恒温热输出，无须频繁启停，使热量输出更加精准。

此外，全预混燃气相变潜热能使用的烟气冷凝技术，把排烟温度降低至接近回水温度，充分回收了烟气中的显热和水蒸气的凝结潜热，大大节省供暖设备运行成本。该供暖方式产生单位热量消耗的燃气约减少22%，投资回收期约5.4个月，即半年左右收回初期成本，且后续燃料费用持续节省。

三、注意事项

（1）应时刻保持电能输入。直接式燃气热风炉及全预混燃气相变潜热能高效锅炉正常运转均需要持续提供电力输入，断电之后，由于无法启动燃烧机，设备将无法使用，要时刻准备好备用发电设备。

（2）随着环境变化及时调整参数。直接式燃气热风炉及全预混燃气相变潜热能高效锅炉热泵供暖设备均使用气体作为载体进行传热，因此传热效率仍受到环境的影响。如环境温度在低温下运行时应保持循环水泵低速运行，避免管路冻结，极端低温下可临时调高回水温度，同时缩短运行时间以防冷凝失效。应根据鸭舍温度和外环境及时调整设备参数。

（3）温度与压力监控。供暖设备虽实现环控温度的自动化维持，但还需要定期监控设备运行时的温度和压力，确保在安全、高效范围内。温度和压力过高和过低的可能会影响相变潜热的释放效率，甚至损坏设备。因此要做好运行记录，交接班时应详细交代说明设备运行状况。

（4）主机周边不能堆放杂物。直接式燃气热风炉及全预混燃气相变潜热能高效锅炉通过燃烧机释放热量，需要混合空气，因此，主机周边堆积的杂物会造成热泵主机周边的空气循环不流畅，影响热泵主机的制热能力。应及时清理热泵主机周边的障碍物，主机风扇的正前方应保持2 m内没有遮挡物。

（5）维护与保养。需要经常检查燃烧系统的金属纤维燃烧网，清除积灰，可以落实到每季度检测燃气阀密封性，防止泄漏。换热器维护则应做到主换热器每年清洗一次，去除水垢，冷凝换热器应时常检查冷凝水排放通道，防止酸性冷凝水腐蚀。冬季冷凝水管道在停用时需要及时排空，避免冻结破裂。

三、生物质能供暖技术应用

（一）技术概述

生物质能供暖技术是指利用生物质资源作为燃料，通过燃烧或发酵等方式将生物质能转化为热能，用于供暖的一种技术。生物质资源广泛存在于自然界中，包括农作物秸秆、林业废弃物、畜禽粪便、城市有机垃圾等，具有可再生、低碳环保等特点。

（二）系统设备

生物质能供暖系统主要硬件设备包括生物质燃烧炉、热交换器、储热装置、控制系统及输送管道等。生物质燃烧炉负责将生物质燃料高效燃烧，释放出热能。热交换器将燃烧产生的热量传递给供暖介质，如水、空气等。储热装置能够储存热能，确保在生物质燃料供应不足或需求高峰时，系统仍能持续稳定供暖。控制系统对整个供暖过程进行智能化管理，根据供暖需求自动进行调节。输送管道则负责将加热后的供暖介质输送到畜禽舍内，实现热量的传递和释放。

（三）操作流程

生物质燃料送入生物质燃烧炉，通过高效燃烧技术释放热能，传递给热交换器中的供暖介质，如水或空气，使其升温。加热后的供暖介质通过输送管道被输送到畜禽舍内，通过散热器等供暖设备将热量释放到环境中，实现供暖。在整个供暖过程中，控制系统发挥着至关重要的作用。它能够根据畜禽舍内的温度需求和生物质燃料的燃烧状态，自动调节燃烧炉的燃烧强度和供暖介质的流量，确保供暖系统的稳定、高效运行。同时，储热装置也能够在必要时提供额外的热能，保证供暖的连续性和稳定性。

值得注意的是，生物质能供暖技术的应用还需要考虑生物质燃料的收集和储存问题。生物质资源分布广泛且种类多样，在实际应用中需要选择合适的生物质燃料，并建立相应的收集和储存体系，以确保供暖系统的持续运行。此外，为了提高生物质能供暖系统的经济性和环保性，还需要不断优化燃烧技术、提高热交换效率，减少能源消耗和污染物排放。

（四）应用效果

在国家禁止燃煤供暖的背景下，生物质能供暖技术为畜牧养殖业提供了一种清洁、可再生的供暖解决方案。据统计，以秸秆生物质供暖，一个年出栏200万只的商品肉鸡养殖场取暖燃料费用降低60%，平均每只鸡生产成本降低0.5元。同时，可实现年节约标准煤1 750 t，减排二氧化碳4 585 t、二氧化硫14.9 t，具有明显的经济和生态效益。

该技术不仅环保，适应性也强，能在不同地区稳定运行，为畜禽提供适宜温度。此外，生物质能供暖技术的应用还有助于解决农业废弃物的处理问题。农作物秸秆、林业废弃物、畜禽粪便等生物质资源均可作为供暖燃料，实现了废弃物的资源化利用，有助于减少农业废弃物的堆积和污染。

案例 1

蛋鸡场
—— 青岛林宇蛋鸡养殖场

一、企业基本情况

青岛林宇养殖场始建于2013年10月，位于青岛市姜山镇东三都河村，养殖基地占地100亩。养殖场建设有自动化精准环境控制系统、数字化精准饲喂管理系统、自动清粪系统、蛋鸡疫病监测和预警系统、自动化集蛋与包装系统、数控中心等，实现饲养环境自动调节、精准饲喂与分级管理、集蛋自动化、自动清理畜禽粪便等自动化。

鸡场外景

目前,公司产业规模已达到存栏量50万只,年均向社会提供8 100 t无抗鲜鸡蛋,年产有机肥8 000 t,实现年销售收入8 000多万元,是青岛市最大的蛋鸡养殖企业。现已成为集商品蛋鸡养殖、有机肥生产为一体的产业链农牧企业,旗下"和谷佳"牌鸡蛋通过"国家无公害食品"认证,为上海合作组织青岛峰会的指定供应畜产品。计划到2025年,蛋鸡存栏达到100万只以上,禽蛋产量达到1.6万t,带动周边农民和养殖户人均收入达到7 000元以上。

二、供暖措施及成效

(一)供暖措施

青岛林宇养殖场供暖措施主要包括三个方面:生物质锅炉、鸡舍隔热保温、智能环境控制系统。

生物质锅炉

1. 生物质锅炉

每年1月、4月前后使用2台0.1 t的生物质锅炉对12万只蛋雏鸡育雏舍提供热源。使用的生物质颗粒由秸秆、林业废弃物冷态致密成型加工而成，颗粒密度为1.1~1.3 t/m³，直径8.5 mm，干基含水量<8%，灰分含量<1%，发热量4 200~4 700 kcal/kg。

鸡舍保温隔热处理

2. 鸡舍保温隔热

鸡舍建筑为单层结构，墙体厚18 cm，为高密度聚丙烯防火保温材料，屋顶采用10 cm厚度保温棉并喷4 cm厚度聚缘酯发泡密封处理，屋顶中间使用玻璃岩棉20 cm保温材料，外墙使用海蓉泡沫模块进行双面保温技术建设，实现整栋鸡舍为一体式保温密闭，防止内源热量外散，以及外部热源和冷空气的侵入。

与传统没有特殊保温处理的鸡舍相比，保温隔热鸡舍建设成本为80万元/栋，传统砖混鸡舍为70万元/栋，成本增加10万元/栋。

热循环泵

循环供暖水管

3. 智能环境控制系统

鸡舍全部配备自动环控设备，设定预警值，并根据鸡舍实际温度实时开启风机、湿帘等对温度进行调节，使鸡舍始终保持适宜的环境条件。

鸡舍内安装自动温控系统，对鸡舍温度自动进行调控。自动温控系统包括环境控制仪、风机、温度传感器、湿帘以及加热器、报警器，能够根据舍内温度自动进行风机开启关闭、湿帘开启关闭等操作，使鸡舍温度始终保持相对稳定。

（二）供暖成效

1. 绿色低碳

（1）生物质锅炉燃烧产生的二氧化碳排放非常低，不同于煤炭燃烧产生的二氧化碳排放。并且，生物质燃料生长所需的二氧化碳在燃烧时再次释放，形成循环，不会增加二氧化碳的总量。

（2）生物质燃料热值高，且含硫量低，不会像煤炭燃烧一样产生二氧化硫等大量有害气体。

（3）生物质燃烧后生成的灰烬可以作为肥料使用。

（4）降低温室气体排放，可以避免煤炭燃烧所产生的大量温室气体排放，达到降低温室气体排放的目的。

按2024年上半年使用57 t生物质颗粒计算，比使用传统燃煤方式育雏减少排放二氧化硫0.998 t、烟尘0.485 t、二氧化碳91.2 t。

2. 降本增效

2024年上半年使用生物质颗粒燃料57 t，平均每吨约为1 100元，总费用为6.27万元。以往使用燃煤锅炉供暖方式，需使用37.2 t燃煤，每吨为2 200～2 600元，总费用为9.284万元。两者相比，使用生物质燃烧供暖方式降低养殖成本3万元，同时还可以有效地节约碳排放。

3. 经济效益

本场育雏规模12万只，每栋6万规模的标准化育雏舍采用保温隔热材料建设，采用生物质能供暖方式，配备智能环控系统，安排1人便可轻松管理。比传统模式节约人工8人，每年节省人工费用48.96万元。

三、注意事项

（1）尽量选择含硫量和含氮量较低的原料作为生物质锅炉的燃料，或者使用混合燃料。这样既充分利用了资源，又减少了对大气的污染。

（2）生物质锅炉在使用前需要检查各个部位是否完好无损，如检查炉墙、水冷壁是否漏水等。每周需要对生物质锅炉进行一次全面清洗，每月对生物质锅炉进行一次大保养。

（3）生物质锅炉的燃烧控制需要根据燃料的种类和含水量来进行调整，燃烧过程中需要及时清理灰渣，以免影响燃料的燃烧。

（4）生物质锅炉出口温度需要始终保持在正常范围内，避免出现温度过高的情况。温度过高时需要及时调整燃烧控制，保证出口温度稳定在正常范围内。

案例 2

商品肉鸭场
—— 平度市阁北头肉鸭养殖场

一、企业基本情况

阁北头肉鸭养殖示范基地位于青岛平度市白沙河街道阁北头村，是"全屋系统智能化肉鸭高层笼养"示范基地，投资1.2亿元建设，占地12.92万m^2。2021年6月，阁北头肉鸭养殖示范基地一期交付使用，2022年6月二期交付使用，2023年12月三期交付使用。该养殖示范基地建有4层4列笼养智能化鸭舍27栋，实现生产全程自动化管控，每平方米养殖肉鸭15只，是传统地面平养的3倍，每人每年可饲养肉鸭25万只，是传统地面平养的8倍。每栏的饲养周期为36～40 d，年出栏肉鸭可达660万只，年产值2.1亿元以上。

标准化肉鸭养殖舍

二、采用的供暖措施及成效

（一）供暖措施

阁北头肉鸭养殖示范基地鸭舍供暖措施主要包括三个方面：空气能机组设备加生物质锅炉、鸭舍隔热保温、智能环境控制系统。

1. 空气能机组设备加生物质锅炉

当室外温度在-5℃以上时采用空气能机组设备进行供暖，低于-5℃时采用生物质锅炉进行供暖。其中，一期鸭舍12栋，每6栋鸭舍供暖设备用12台单台制热量为72 kW的空气能机组加1台2 t的锅炉；二期鸭舍8栋，共用6台单台制热量为137 kW的空气能机组及4台单台制热量为72 kW的空气能机组加2台1 t的锅炉分，两个系统为鸭舍提供热源；三期鸭舍7栋，使用1台2 t的锅炉分两个系统为鸭舍提供热源。

相应的设备配置包括：超低温空气源热泵机组、生物质锅炉、水箱、循环水泵。

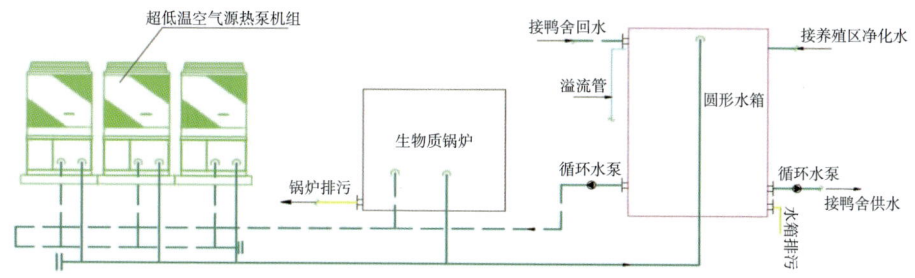

空气能+生物质锅炉工艺流程图

超低温空气源热泵机组

水箱

2. 鸭舍隔热保温

鸭舍隔热保温对鸭舍的室内环境很有意义，将设备热量及鸭群余热保存在舍内。鸭舍的墙面采用两层玻璃丝绵墙板，墙面厚度为125 mm，单层墙面厚度分别为75 mm、50 mm，加厚的墙面不仅使鸭舍内的热量损失减小至最小,还能满足耐腐蚀耐老化等要求。

3. 智能环境控制系统

鸭舍养殖智能环控系统采用的是触摸屏一体机作为环境控制系统的主机,集触摸屏显示和控制于一体的高科技集成产品,实现一体机与环境控制系统的结合。通过各种数据反馈到主机,并将开关功能及工作状态均显示在主机上,一目了然,操作简单。系统根据相应的数据自动开启或停止,进行加热、排风、加湿、排放二氧化碳、自动报警等各种设备的控制与数据监控,使鸭子时刻处于适宜环境中。

(二)供暖成效

采用空气能机组设备加生物质锅炉供暖,具有持久的保温效果,这种供暖方式可以使室内的温度能够更加持久和恒定,同时水控温也更加精确,从而确保室内温度更加稳定。

空气能外挂机组及生物质能锅炉

1. 绿色低碳

相较传统的燃煤锅炉供暖方式，大大节省了煤炭的使用量，而且生物质锅炉需要的生物质燃料经济实惠，同时对环境污染小，属再生能源，其含硫量多数小于0.2%，熄灭时不用设置气体脱硫装置。生物质燃烧过程中所释放的二氧化碳大体相当于植物生长过程中经光合作用所吸收的二氧化碳。因而可以为采用生物质燃烧供暖几乎不额外增加环境中的二氧化碳。

2. 降本增效

空气能以极少的电能便能够吸收空气中大量的低温热能，并通过压缩机的压缩将其转化为高温热能。其热效率全年平均在300%，意味着每耗1度[1]电，可产生3度以上的热量，全年平均可节约70%的能源。此外，超低温空气源热泵在低温下制热效果尤其显著，其制冷能效比常规机组高50%~80%，即使机组在环境温度大幅下降时，机组制热量衰减也很少，从而充分保证制热效果。

3. 经济效益

以一栋鸭舍为例，利用空气能机组设备加生物质锅炉供暖，可以比传统锅炉供暖每天节省200元。采用批次化生产，传统模式每栋鸭舍需人工4人左右，而节能鸭舍每栋需人工1人，每年节省人工费用18.4万元。

三、注意事项

该项技术适合进行全国推广应用，不仅适合新建鸭场，也适合升级改造老鸭场，但有以下四点需要注意。

（1）当室外环境温度在-5℃以下时，需打开生物质锅炉，空气

---

[1] 1度=1 kW·h。

能机组设备和生物质锅炉两者同时进行供暖。

（2）空气源热泵机组的参数及保护装置均根据实际情况调试完成，切勿自行拆装或调整，且管理人员应定期检查机组运行情况。

（3）若机组不常使用或停用时，应当把机组、水泵、室外管路内的水全部排空，防止机组冻坏并切断电源。

（4）若系统水质比较差，应定期清洗过滤器沉积的杂质。

四、太阳能供暖技术的应用

（一）技术简介

太阳能供暖技术是指利用太阳能集热板或集热管等设备，收集太阳辐射能，并将其转化为热能，再通过热传递系统将热能输送到室内，实现供暖的技术。根据行业推算，每使用 1 m^2 太阳能集热板相当于每年节约 120 kg 煤炭。太阳能不仅储量丰富，而且使用安全，与传统能源相比，具有获取方便、使用过程中无环境污染、无能源浪费等优点，成为煤炭、天然气、石油、电力等传统能源的最佳替代能源，被广泛地应用到各个采暖领域。

（二）系统构成

太阳能供暖系统所需的主要硬件设备包括太阳能集热器、储热装置、热传递系统、控制系统以及辅助能源设备等。这些设备共同协作，确保太阳能供暖系统的高效运作。太阳能集热器是核心部件，负责收集太阳辐射能并转化为热能，其设计和材质对能量转换效率至关重要。储热装置储存集热器产生的热能，保证在无阳光照射或需求高峰时持续供暖。热传递系统的作用是将储存的热能有效地输送到需要供暖的室内空间，通过合理的热传递机制，确保热能的高效利用和室内温度的均匀分布。控制系统负责监控和调节整个供暖过程，它通过先进的传感器和控制算法，实时调整系统运行状态，确保供暖系统的安全、稳定、高效运行。辅助能源设备在太阳能供应不足时提供必要的热能补充，这可以是传统的化石燃料设备，也可以是其他可再生能源设备。

（三）运行过程

太阳能供暖技术的应用操作过程涵盖了从太阳能收集到热能传递的各个环节。系统多采用吸收率高、热损低、强度高的高硼硅3.3玻璃真空太阳能集热管作为集热元件。根据养殖需要，运行控制系统需包含以下几部分。

1. 定温上水

利用太阳能蓄热水箱储存热量。当太阳能集热器出口温度上升至设定温度时，上水电磁阀启动，自来水将集热器中的高温水顶入储热水箱；当集热器出口温度降低至设定温度时，上水电磁阀关闭。如此往复循环，储热水箱中的水位逐步上升，当储热水箱水位到达100%时，上水电磁阀自锁停止运行。

2. 温差循环

当集热器出口温度（$T1$）与储热水箱温度（$T2$）的温差大于设定温差且$T2 \leq$设定温度时，集热循环泵开启，将储热水箱底部低温热水输送到集热器，同时，将集热器中的高温水顶入储热水箱；当温差不满足条件或$T2 >$设定温度时，循环泵关闭，确保合适水温的水进入畜禽舍供暖。

实际生产过程中，集热器的朝向、角度及表面的清洁程度都会影响到能量的收集效率。因此，需要定期对集热器进行维护和清洁，以保证其表面的光洁度和能量转换效率。

（四）应用效果

在养殖业生产过程中，太阳能供暖技术展现出巨大潜力，其能为畜禽舍提供稳定适宜的生长温度，促进动物健康生长。其清洁、可再生的特性可有效减少养殖过程中的能源消耗和碳排放，助力畜牧业绿色发展。在阳光充足的条件下，太阳能可完全满足畜禽舍供暖需求，降低对传统能源的依赖。此外，太阳能供暖成本低，运行维护简单，故障率低，减少了设备故障导致的停产损失，具有良好的经济效益。

山东省大部分地区属于暖温带半湿润季风气候，春、夏、秋三季温度较高，太阳辐照充足，太阳能取暖可基本满足生产需要；但冬季气温较低，尤其胶东地区雪天较多，单独依靠太阳能无法满足供暖需要，需与其他供暖方式进行结合，以确保畜禽舍内的温度稳定。夏季太阳能产热量太多，建议热量可以用于粪便烘干或用作其他用途，提高热能利用率。

817肉鸡场
——山东奥达养殖有限公司

一、企业基本情况

山东奥达养殖有限公司坐落于聊城市东昌府区梁水镇，注册资金1 000万元，总投资1.6亿元，是一家集特色肉鸡养殖、销售于一体的省级生态循环农业示范基地，占地面积220亩，建设36栋现代化

817肉鸡养殖基地,年出栏量1 200万只,年产值2亿元。先后被评为"山东省生态循环农业示范基地""山东省优秀肉鸡养殖场""聊城市农业产业化重点龙头企业""山东省畜禽养殖标准化示范场"。

场区外景图

二、采用的供暖措施及成效

(一)供暖措施

公司于2019年开始实施"太阳能+空气能"多能互补清洁供热系统项目建设。鸡舍采暖原采用空气源热泵作为主要供热能源,为降低生产成本,同时降低企业碳排放,结合本公司实际情况,安装268 t太阳能系统一套,安装太阳能集热器447组,Φ58*1800型真空管22 350支,总集热面积3 361.44 m²。晴好天气条件下,年日均产温升35℃热水268 t。太阳能系统与原有空气源热泵系统结合,可解决36栋鸡舍约18 000 m²供暖需求,总投资270.66万元,系统运行后年节能7 275 016 MJ。当光照不足时空气源热泵启动二次加热后再向鸡舍提供热量。

畜禽养殖绿色低碳供暖技术

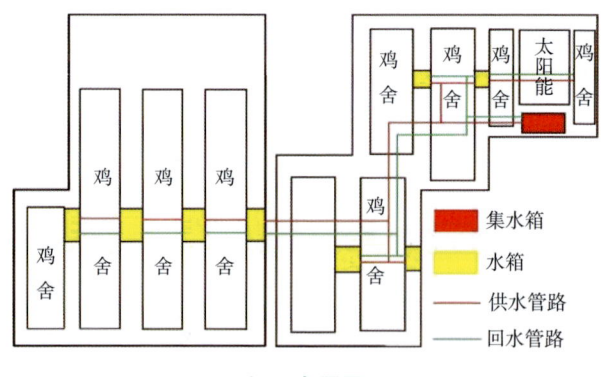

场区布局图

（二）供暖成效

奥达养殖公司采取太阳能+空气能供暖模式，公司每年养殖6批鸡，每年5—9月中有2批鸡完全不需要启动空气能设备进行热水处理，完全由一台循环泵循环太阳能中的热水即可满足雏鸡供暖需要，其他月份太阳能也可以产生作用，为鸡舍提供一定的热水，这样大大地节约了空气能设备用电量，可直接节省约60万元供暖费用。一年能节约用煤3 720 t，减少二氧化氮排放660 t、二氧化碳排放9 902 t、二氧化硫排放6 t、氮氧化物排放5.21 t。

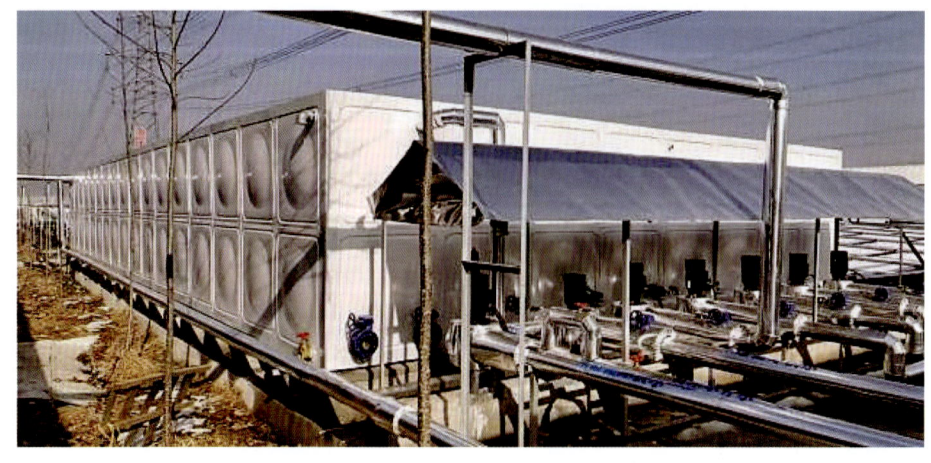

太阳能储能装置

太阳能集热器

三、注意事项

（1）太阳能设备场地周边避免有遮挡物。太阳能设备场地周边严禁有遮挡物，尤其是大树、房屋等会影响光照的时长和热量吸收，还有秋冬季节树叶及其他物品刮到太阳能集热器上遮挡光照。

（2）做好日常管护。对太阳能设备主机、集水管道、阀门、放气孔等的运行监测和保养，尤其是夏季关注水温过高，保障排气阀的通畅，及时更换损坏的太阳能管和其他已损坏物件，并且保证正常水位，及时补充净化处理过的水。

（3）太阳能+空气能项目的应用，一定要结合养殖设施设备的硬件情况，进行智能化管理，需要安排专人专管、专护、专用，没有管理经验的人员或没有经过技术培训人员不能随便进入操作。

五、地热能供暖技术的应用

（一）技术简介

地热资源是能够经济地被人类利用的地球内部的地热能、地热流体及其有用组分，是一种绿色低碳、可循环利用的可再生清洁能源。地热能供暖技术是指利用地球内部的热能，通过地热热泵等设备将地热资源中的热能提取出来，用于供暖的一种可再生能源利用技术。该技术通过地热热泵系统，将地下稳定的热能转换为室内可用的热能，实现供暖功能。地热能作为一种清洁、可持续的能源，其开发利用对于减少化石能源消耗、降低温室气体排放、促进能源结构转型具有重要意义。

（二）系统设备

地热能供暖系统所需的主要硬件设备包括地热热泵系统、地热井或地热换热器、热传递系统、控制系统以及辅助能源设备等。这些设备共同协作，构成了一个高效、环保的供暖解决方案。

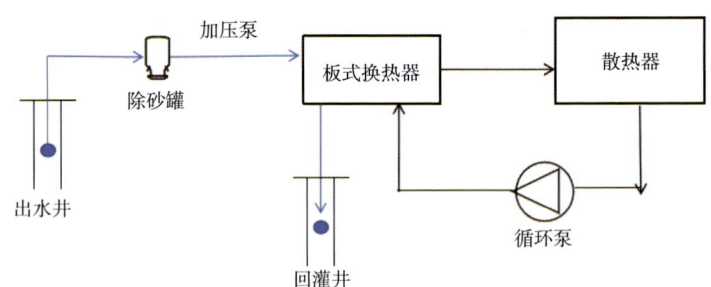

地热能供暖工艺流程图

地热热泵系统是地热能供暖技术的核心部分，它负责从地下提取热能，并将其转换为室内可用的热能。地热井或地热换热器则扮演着与地下热源进行热交换的角色，它们是连接地热资源与热泵系统的关键环节。通过这些设备，地热资源中的热能得以传递给热泵系统。热传递系统的作用是将热泵系统产生的热能输送到室内空间，它通过一系列管道和散热设备，确保热能均匀分布，维持室内温度的稳定和舒适。控制系统则负责监控和调节整个供暖过程，它通过先进的传感器和控制算法，实时调整系统运行状态，确保系统的安全、稳定和高效运行。此外，辅助能源设备在地热能供应不足时提供必要的热能补充，确保了供暖系统的连续性和稳定性，即使在极端天气条件下也能保证供暖需求。

（三）运行流程

在地热能供暖技术的应用过程中，地热热泵系统首先会从地热井或地热换热器中提取地下稳定的热能。这一过程中，地热井或地热换热器的设计和位置选择至关重要，它们需要深入地下，确保能够接触到富含热能的地层。通过热交换，地热资源中的热能被传递给热泵系统的工作介质，如制冷剂或水等，这些工作介质在热泵系统内部经过压缩和膨胀等过程，实现热能的提升和转换。

转换后的热能随后被输送到热传递系统中。热传递系统通过一系列精心设计的管道和散热设备，如地板辐射供暖系统、散热器或风机盘管等，将热能均匀地传递到室内空间。

控制系统通过先进的传感器和控制算法，实时监测和调节系统的运行状态。根据室内温度的变化和供暖需求，控制系统会自动调整地热热泵系统的工作功率，以及热传递系统中散热设备的输出量，确保供暖系统的安全、稳定运行。

辅助能源设备在地热能供应不足时也会发挥关键作用。当地下热能无法满足供暖需求时，辅助能源设备会提供必要的热能补充，确保供暖系统的连续性和可靠性。

生产中地源热应用分两种形式：一种是地下水提取热量，另一种是地埋管交换提取热量。采用地下水提取热量，要求本地区水量丰富，以鸡场供暖为例，一栋鸡舍在冬季升温阶段需水 $10 \sim 15 \text{ m}^3/\text{h}$，耗水量大，提取热量后的水如果不能有效回灌，会造成地下水严重浪费，因此，采用此种提取热量供暖的模式需要做好水的回灌，或者做好水的资源化循环利用。采取地埋管交换热泵方式需要还暖，一般使用3～4年，地下容易变冷，提取热量降低。建议集约化养殖基地采用供暖和还暖一体化系统，确保地下热能最大化使用。

（四）应用优势

国家能源局提出到2025年全国地热能供暖（制冷）面积比2020年增加50%，到2035年，地热能供暖（制冷）面积比2025年翻一番的目标。因此，加强地热供暖技术在养殖业的应用，对提高能源利用率，促进可持续发展具有重要意义。从生产实际看，地热能供暖技术为养殖场提供了稳定、恒温的供暖方案。在畜禽舍内，地热能供暖系统能够确保动物在适宜的温度环境中生长。地热能供暖技术与传统的化石能源供暖方式相比，减少了养殖场对外部能源的依赖，避免了因化石能源价格波动带来的成本风险。

案例 1

商品鸭场（土壤源热泵）
——潍坊益客农业科技发展有限公司

一、企业基本情况

潍坊益客农业科技发展有限公司位于潍坊市寒亭区高里街道的山东畜牧兽医职业学院寒亭新旧动能转换农牧科技示范园内，由上市公司益客集团和山东畜牧兽医职业学院共同出资承建的一座现代化肉鸭养殖场——产、教、研、实训教学基地。项目建设预计投资

3 000万元，车间装备采用新型复合材料组装和地源热能采集系统供暖的方式，建成标准化立体三层笼养棚舍3栋，双层网养棚舍2栋及暖通工程系统一套。每批次可养殖12万只，年饲养7～8批次，预计年出栏肉鸭100万只。

二、供暖措施及成效

（一）供暖措施

采用螺杆式土壤源热泵供暖方式。地源热供暖技术是以地源热作为主要能源，以螺旋式土壤热源泵机作为核心装备，螺旋式土壤热源泵机通过封闭的地下换热系统利用水域地下土壤进行热交换，依靠土壤与水的温差实现夏季向土壤放热，冬季从土壤吸热的能力，进而实现机组夏季供冷，冬季供热的运行。

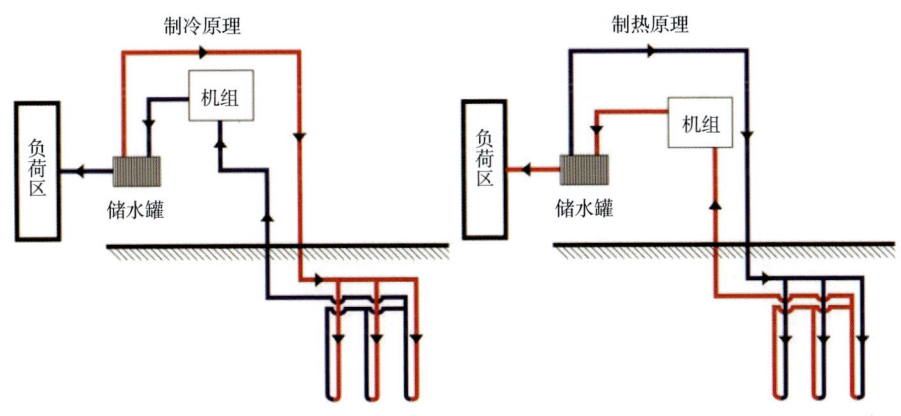

地源热泵系统原理示意简图

（二）供暖成效

土壤源热泵系统是一种高效、环保的供暖技术，它利用地下土壤的稳定温度来为建筑物提供热能和冷能。这种系统相比传统系统的供暖方式有以下优势。

地下水水源热泵循环系统

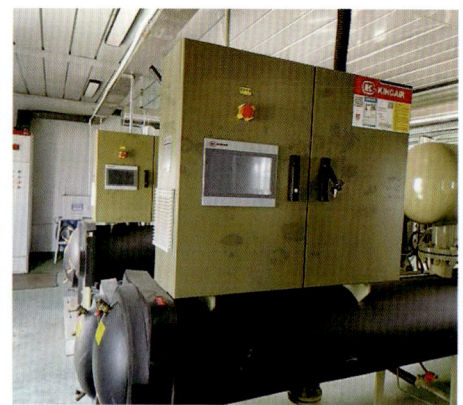
螺杆式水源热泵机组

一是节能。相比传统的燃气、煤炭、柴油等供暖方式，土壤源热泵利用地下热能可以实现更高的能源利用效率和节能效果。与传统燃煤锅炉相比，土壤源热泵供暖可以节能25%～50%，而供冷季节可以节能10%～30%。二是提高成活率，减少发病率。应用本技术可提供适宜温度，且温度变化平缓，肉鸭成活率高，保持在99%以上，并且鸭只发病率明显下降。三是环保。应用土壤源热泵供暖不产生废气、废水和固体废物，有助于减少温室气体排放，对环境几乎没有影响。四是节约空间。由于地下土壤具有较大的热容量，可以节省地面建筑空间。五是长期可靠性。土壤源热泵系统的使用寿命长，维护成本低。六是稳定性好。地下土壤温度相对稳定，因此供暖效果稳定。

三、注意事项

（1）确认土壤源热泵机组在停机时间是否存在停电情况，设备润滑油是否处于加热状态。若有断电停电情况，联系设备售后人员重新设置润滑油加热模式。

（2）土壤源热泵机组启动前需确认触控屏上是否有故障代码提

示，若有需咨询相关人员进行消除。

（3）根据所需运行模式注意检查各个阀门开启关闭状态是否正确，并做好开机前阀门状态记录。

（4）检查机房内软化水箱水位和室外蓄热水箱水位，并保证水位淹没上方进水口。

（5）系统运行前根据所需运行状态开启相应的水泵机组，运行10～15 min后再启动土壤源热泵机组。按照操作说明设置所需水温温度后启动土壤源热泵机组。

案例2

商品鸭场（水地源热泵）
——微山县韩庄印华畜禽养殖场

一、企业基本情况

微山县韩庄印华畜禽养殖场成立于2022年6月9日，位于济宁市微山县韩庄镇，占地38余亩，是一家专业从事肉鸭养殖的企业。现有职工8人，养殖场拥有全自动化环控鸭舍4栋，采用三层立体养殖模式，目前可存养肉鸭10万只，年出栏肉鸭80万只，固定资产500万元，年销售额1 700万元。

水地源热泵采暖机组

二、采用的供暖措施及成效

（一）供暖措施

企业为响应国家节能减排政策，使用清洁能源替代燃煤锅炉，自2023年购买了2台53 kW的水地源热泵采暖机组用来育雏采暖。水地源热泵的原理是以极少的电能驱动压缩机运转，从地下水中吸收大量的低温热量，经过压缩机压缩转化为高温热能给供暖介质加热实现供暖，是一种节能高效、绿色环保供暖技术。本案例采用地下水作为热交换介质，通过水源热泵系统提取浅层地温能进行供暖（其实质是利用地下水的热量间接利用地热能源）。其利用地下水与岩土体之间的热传导作用（以水的高热容吸收地热），将储存于地表恒温层（通常10~15℃）的低品位热能经热泵提升后加以利用，属于浅层地热能开发的技术路径之一，是生产实践中利用地热能的一种具体形式。

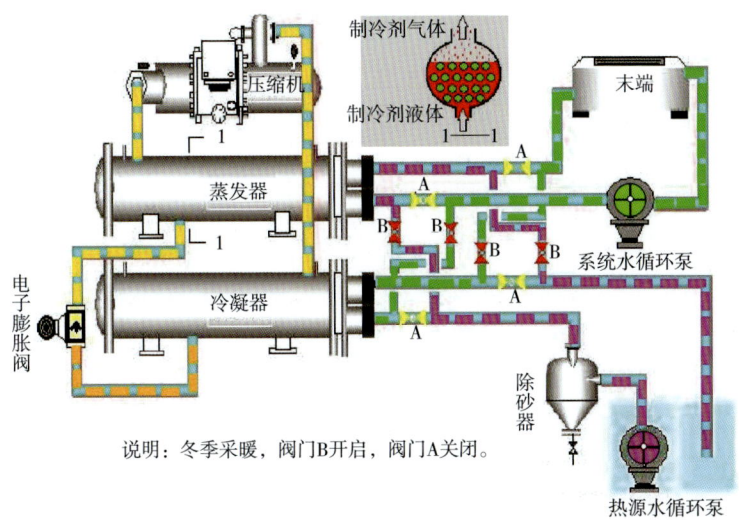

热泵机组原理图

（二）供暖成效

水地热泵热效率COP为4.0~7.0，即热泵产生热能是其消耗电能的4~7倍，也就是说热泵利用水温换热，消耗1 kW的电能可以产生4~7 kW的热能，即使在冬季气温在零下的环境条件下，热泵制热效率仍然可以达到4.0。水地源热泵除了可以利用地下水，还可以利用河水、海水，甚至还可以利用生产废水，吸收水中大量的余热，而且水还可以循环利用。比起传统的燃煤供暖，水地源热泵更加低碳、环保、节能、高效，更符合当下畜禽养殖业节能、降耗、提效的使用需求。除此之外，与传统制热设备相比，热泵也更加高效、经济。养殖热泵不仅在能效上领先于其他设备，还能实现智能控制温度，更大限度地降低人工成本。

三、注意事项

（1）该技术使用电能驱动设备在水中提取能源，当发生停电等无法使用电能的情况时，设备将无法使用，因此，需要养殖场配备功率相当的发电设备以确保发生意外停电等情况时设备可正常运转。

（2）与原有锅炉采暖方式相比，该技术将使养殖场用电负荷增加，推广该技术时需配置满足负荷的变压器及电缆线路，以确保设备可正常使用。

（3）由于不同地区地理气候条件以及畜禽舍建筑设计等差别较大，这些因素都会对畜禽舍环境控制产生影响，所以，应根据养殖场实际情况确定环控调控参数。

（4）该供暖技术适合在充裕水源尤其是地下水资源丰富且便于开采利用的地区应用，如果用地下水作为热源，还要考虑到地下水一次应用后的循环利用和回灌问题，同时要考虑自打井是否受到当地政府约束（政策环境）。

六、余热回收供暖技术应用

（一）技术简介

余热回收供暖技术是指利用工业、农业、生活等各个领域产生的余热资源，通过热交换和能量回收技术，将这些废热转化为可利用的热能，从而用于供暖的一种高效节能技术。余热资源广泛存在于各种生产和生活过程中，如工业生产中的废气、废水、废渣等，以及农业生产和城市生活中产生的各种热能排放。这些余热资源如果能够得到充分利用，不仅可以减少能源的浪费，还能显著降低供暖成本。

（二）设备组成与功能

余热回收供暖系统主要由余热收集装置、热交换器、储热系统、控制系统和供暖末端设备组成。余热收集装置负责捕捉并收集养殖场在生产过程中产生的各种余热资源，这些资源可能来自畜禽舍内的废气、废水等。热交换器的作用是将这些收集到的热能有效地传递给供暖介质，通过热交换器的作用，它们被加热至一定温度，从而为养殖场提供热量。储热系统储存多余的热能，以保障供暖稳定。控制系统是整个供暖系统的大脑，它通过智能化的管理，能够根据实时供暖需求，自动调节供暖系统的运行状态，确保供暖效率和能源消耗的兼顾。供暖末端设备，如散热器等，它们将加热后的供暖介质所释放出的热量传递到畜禽舍内。

目前，养殖场内余热回收，主要是回收畜禽舍内余热，这些余热既有饲养动物本身散发的体热，也有专门供暖系统产生的热，生产实际中基本是依靠通风换气过程，利用热交换器吸收舍内混浊热空气（废气）中的热量及时回用供暖，或者利用类似热交换器的建筑工程设计（如猪舍板下热交换设计或猪舍顶部热交换设计等），通过入舍新风直接吸收畜禽舍余热回用于供暖（所以不涉及储热系统等设备），这个过程回收的余热作为畜禽舍供热的一部分，与其他热源共用一套控制系统、末端供暖设备。采用热回收技术供暖，在某些特定情况下，如随着畜禽长大动物体产热量增加，同时对环境温度要求不高等条件下，仅靠余热回用即可满足动物生长的温度环境（前提条件是做好畜禽舍的保温），不用其他供暖设备供暖。

（三）应用及效果效益

以舍内热空气余热回收为例，在进行通风换气时，舍内混浊的热空气经由上方的除尘风机抽出，通过热交换板时将热量传给热交换板。热回收下方的风机将新鲜空气吸入，通过热交换板预热后再送入室内换热器（目前家禽行业普遍应用的换热器）和管式换热器，其工作原理图如下：

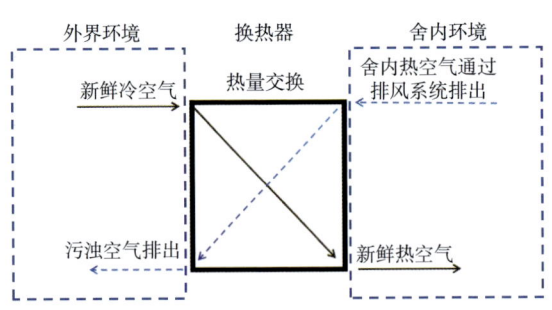

热回收工作原理图

余热回收主要应用在北部高寒地区，能有效提升能源利用率。棚舍内湿度比较大，普通热交换器在冷热交换时容易凝结水珠、结冰，造成冷热交换器失效。现在市场出现了相变交换器，有效地解决了冷热交换设计缺陷，提高了交换效率。

由于余热资源来源于养殖场的生产过程，通过热回收技术利用余热资源，不仅降低了能源消耗、实现能源的高效利用，还减少了因燃烧化石燃料而产生的温室气体排放，这对于缓解全球气候变暖、推动绿色低碳发展具有积极作用。此外，采用热回收技术，还能减少或避免进舍新风对饲养畜禽造成的冷应激，降低发病风险，更好地保障养殖安全。

案例 1

大型猪场（板下换热）
——菏泽市牡丹区牧原农牧有限公司

一、企业基本情况

菏泽市牡丹区牧原农牧有限公司（以下简称"牡丹区牧原"），

位于山东省菏泽市牡丹区沙土镇政府办公楼6楼，系牧原食品股份有限公司全资子公司，具备独立法人资格。牡丹区牧原于2017年6月6日正式成立，注册资本2.5亿元。牡丹区牧原在牡丹区整体规划建设60万头规模的生猪养殖体系，总投资超10亿元，规划建设8个养殖基地项目。目前已投资6.22亿元，产能规模47.05万头，投产运营6个养殖基地、1个有机肥料中心、1个无害化中心。其中，水肥一体支农管网铺设辐射周边农田面积19 000余亩，农户可实现增收150~200元/亩。

牡丹区牧原依托集团先进的技术，采用集团研发的早期断奶营养组合、自动供料系统、自动化猪舍设计等自主知识产权专利，实现供料、供水、控温、环保等全过程的自动化，生猪养殖迈向自动化发展。同时，牡丹区牧原在场区设置上，做到生活区、养殖区、畜禽粪污处理区三区分离，在生物安全方面彻底隔离病原传播途径。

二、供暖措施及成效

（一）供暖措施

牡丹区牧原采用板下热交换技术对猪舍进行供暖。每栋猪舍新风侧配有热交换风机和出风侧地沟风机，冷空气通过进风侧高效过滤后进入板下热交换管道，通过猪群自身的温度和猪舍内的温度进行预热，随后预热风通过单元内连接进入一级风箱，通过出风口进入栏位，进过栏位的空气通过端部风机和地沟风机抽出，经过除臭灭菌后排出猪舍完成空气循环。

地沟通风热交换模式示意图

（二）供暖成效

采取热交换原理利用猪群自身热能对猪舍供暖，热能转化率可达到60%~70%，平均每头猪生长至出栏可降低30元供暖费用。

三、注意事项

采用热交换供暖需注意板下热交换管道是否有破损、脱落等现象，管道连接处须密封和固定，避免造成空气流失。热交换管道和固定连接件须采用不锈钢耐腐蚀材料。

案例2

中小规模猪场（舍顶换热）
——耿世林家庭农场

一、企业基本情况

耿世林家庭农场位于青岛莱西市姜山镇大河头村，是个人投资经营的种养一体化家庭农场。农场占地面积4 800 m²，共有3栋猪舍，猪舍总面积500 m²，粪便处理面积150 m²，生活区面积200 m²，种植面积3 950 m²，本场始建于2013年，2018年采用青岛派如环境科技有限公司提供的方案（业内简称"派如模式"）升级改造，总投资约60万元，年出栏商品育肥猪约700头。

智能化仔猪保育舍

二、供暖措施及成效

（一）供暖措施

猪舍冬季供暖其热源来自猪群余热，具体措施包括猪舍隔热保温、猪舍气密性处理、智能环境控制系统三个方面。

（1）猪舍隔热保温。猪舍隔热保温的意义在于将猪群余热保存于舍内，使舍内热量损失降至最小。要求建筑外墙和屋顶采用传热系数k≤0.044 W/（m²·K）的隔热保温材料，具体可采用性价比高的B1级防火EPS泡沫板，墙面厚度为100 mm，屋面厚度为

150 mm，容重为18 kg/m³，要求EPS泡沫板内外两面各有40 mm厚水泥砂浆包裹，以满足防火、防鼠、耐腐蚀、耐老化要求。

猪场保温处理

（2）猪舍气密性处理。猪舍气密性处理的意义在于组织有效气流，便于实现精细化环境控制。要求猪舍气密性n50≤1.0 h⁻¹，在猪舍具体设计时，猪舍门窗数量尽量少，门窗尺寸尽量小。建筑猪舍时，屋面、墙面和门窗，都要做密封处理，以满足猪舍气密性要求。

猪舍气密性处理

（3）智能环境控制系统。猪舍智能环境控制系统利用猪群余热为热源，将进入舍内的新鲜冷空气加热，并保持舍内空气清新和环境温度稳定，实现"猪舍冬天不用取暖"和"24 h连续通风保持舍内恒温"目的。智能环境控制系统要求匹配智能环境控制器、变速风机、弥漫式进气与排气管道三大部分。具体做法如下，将弥漫式排气管道设置于猪舍漏缝地板以下，弥漫式进气管道设置于猪舍舍内顶部，每个猪舍单元匹配一套单独的智能环境控制器和变速风机，根据舍内猪群不同生长阶段所需环境温度，通过智能环境控制器设置猪舍目标温度、最小通风量和温度偏差，变速风机会根据以上设置参数，自动调整通风量，24 h连续通风，并保持舍内恒温。

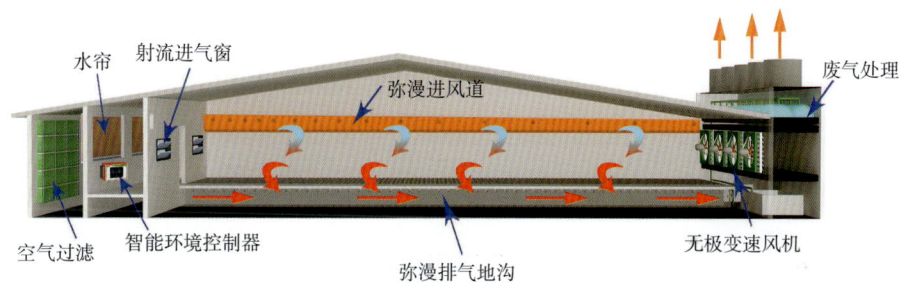

猪舍环境控制系统

（二）供暖成效

（1）绿色低碳。猪舍采用猪群余热冬季取暖，可实现"猪舍冬天不用取暖"，冬天取暖费用节省80%，二氧化碳排放量减少70%，实现节能环保，绿色养猪。

（2）降本增效。猪舍采用智能化环境控制系统，实现"24 h连续通风来保持舍内恒温"，氨气、硫化氢、二氧化碳等有害气体被持续排出舍外，舍内氨气浓度大部分时间保持在10 mg/L以下，二氧化碳浓度大部分时间保持在2 000 mg/L左右，冬天舍内空气相对湿度50%~70%，减少了猪群呼吸道疾病和冷应激腹泻疾病的发生，猪群健康度得以大大提高，提高了猪群成活率和饲料转化率，降低了药物治疗成本，死淘率低于2%，治疗费（不包括疫苗）减少90%以上，料肉比可降低0.4以上，每头出栏育肥猪（120 kg），可节省饲料48 kg，折合人民币约180元，每年可节省饲料成本12.6万元。

（3）经济效益。通过采用派如模式，利用动物余热取暖，每年可节省燃煤约15 t，减少二氧化碳排放约40.5 t（每吨标煤排放2.7 t计算），该案例每年节省取暖成本约2万元，源头上解决取暖污染问题，实现低碳环保。猪舍采用"24 h连续通风保持舍内恒温"技术，确保空气质量，避免温差应激发生，减少了猪群呼吸道疾病和冷应激腹泻疾病的发生，断奶仔猪成活率提高至99%，PSY[①]由18头提高至26头，每头出栏育肥猪（含母猪分摊）疫苗和兽药使用量仅30~40元，与传统养猪模式相比，每头出栏育肥猪可降低疫苗和兽药费用约100元，全年节省疫苗和兽药成本约7万元。

三、注意事项

该技术适合全国推广，既适合新建猪场，也适合老猪场升级改

---

① PSY是衡量母猪繁殖性能的核心指标，指每头母猪每年提供的断奶仔猪数。

造，有以下4点需要注意。

（1）冬季温度在-20℃以下区域，须开挖地窖，利用地源热量，待冷空气温度上升10℃后，再进入猪舍。

（2）冬季温度在-20℃以下，地下水位高区域，需增加热回收装置，进入舍内冷空气与排出舍外废气，热交换后进入舍内。

（3）猪场需要批次化生产设计，实现全进全出，满负荷运行，猪群余热充足，确保实现"猪舍冬天不用取暖"。

（4）猪舍需要小单元建设，每个小单元要匹配独立运行的智能环境控制系统，精细化智能环境控制，确保实现"24 h连续通风保存舍内恒温"。

案例3

肉种鸡场（专用设备换热）
——山东益生种畜禽股份有限公司

一、企业基本情况

山东益生种畜禽股份有限公司总部位于烟台市，是以高代次畜禽种源供应为核心竞争力的上市公司，成立于1989年，主要引进、繁育世界优质畜禽良种，向社会推广种鸡、种猪及商品肉雏鸡。经过30余年的发展，现已成为集祖代、父母代白羽肉种鸡，各代次小型白羽肉鸡，高代次种猪的饲养、繁育与推广，配套饲料加工，畜牧兽医科学研究，奶牛养殖，乳品加工，农牧设备制造，畜禽粪污生物处理及资源化利用等产、研、销于一体的农业产业化国家重点龙头企业。

公司坚持绿色低碳管理原则,积极推进各项新设备、新技术在现场试验和应用,目前供暖方面,热回收设备在生产现场的使用已经实现规模化,在节能降耗、低碳减排、饲养环境改善方面取得突出成绩,效果显著。

二、供暖措施及成效

(一)供暖措施

(1)供暖方式。目前,公司平养育雏育成场采取天然气+热回收的供暖模式,冬季以热回收为主,育雏期间使用天然气进行辅助加热;平养产蛋和笼养产蛋场使用热回收即可在鸡群需求的温度上达到热量平衡。

(2)设施配套及安装工艺。采用四方新域的热回收设备,主要由热回收箱体、舍内送风管道、V3控制仪三个主要设备构成,在热回收箱体内实现入舍新风和出废气的热交换,经送风管道均匀地送入设备养殖区,通过V3控制仪实现与鸡舍原有设备结合。

(3)热回收器工作原理。畜禽舍排出的废气先经过热回收器废气通道,之后从顶部排出;在热回收器内部,实现新风与废气的热量交换,新风与废气不接触,避免新风受到污染,新风先经过热回收器新风通道,再通过布风管均匀分配到养殖区。

热回收器工作原理示意图

（4）鸡舍使用场景。安装热回收设备后，种禽场由原来的2段通风模式，改为3段，即在暖风机供暖前增加热回收通风模式，可以满足外界温度-10~15℃鸡舍内的供暖需求，从而减少耗能。

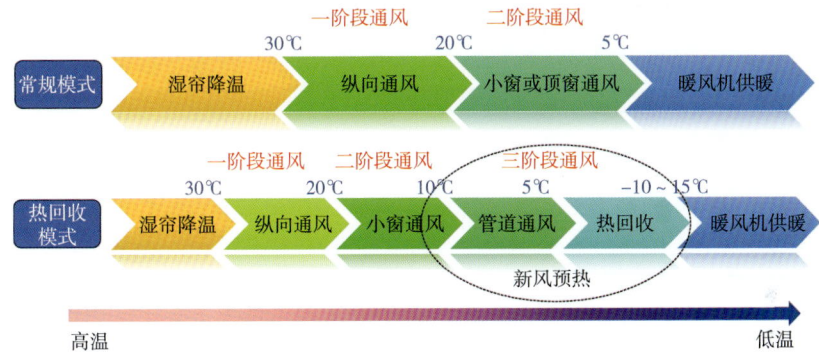

鸡场热回收通风模式

鸡场采用的热回收设备

（二）供暖成效

采取热回收设备后，冬季供暖费用大幅度降低，产蛋场区可以实现零供暖；同时改善了冬季鸡舍内环境，提高了养殖成绩和养殖效益、降耗减排实现共同提升。

1. 节能情况实例

（1）笼养场实例，烟台笼养场区热回收使用数据对比。

测定时间为当年11月至翌年3月，鸡舍饲养规模11 000只/栋，规格13 m（宽）×124 m（长），舍内温度设定20℃，外界最低温度约-13℃，此条件下热回收单舍节约费用约5.8万元，折合每只鸡5.3元。

三层肉种鸡笼养费用统计

费用项目		发生费用（11 000只/栋）		只均费用（11 000只/栋）	
		普通舍	热回收舍	普通舍	热回收舍
基本费用	单鸡舍电费（元）	10 494	19 409.8	0.95	1.9
	锅炉天然气摊销（元）	63 763.3	1 359.8	5.8	
	锅炉耗电摊销（元）	5 056.4	107.8	0.46	
	小计（元）	79 313.7	20 877.4	7.21	1.9
节省费用比例（%）			73.65		

（2）平养场实例，烟台平养场区热回收使用数据对比。

测定时间为当年12月至翌年2月，鸡舍饲养规模8 200只/栋，规格13 m（宽）×121 m（长），舍内温度设定20℃，外界最低温度约-13℃，此条件下热回收单舍节约费用约2.1万元，折合每只鸡2.61元。

平养肉种鸡费用统计

费用项目		发生费用（8 200只/栋）		只均费用（8 200只/栋）	
		普通舍	热回收舍	普通舍	热回收舍
基本费用	单鸡舍电费（元）	5 494	19 409.8	0.67	2.37
	锅炉天然气摊销（元）	33 763.3	1 359.8	4.11	0.17
	锅炉耗电摊销（元）	3 056.4	107.8	0.37	
	小计（元）	42 313.7	20 877.4	5.15	2.54
节省费用比例（%）			50.68		

2. 舍内供暖效果

使用热回收管道通风模式，舍内常压、温度平稳，避免了冬季冷激流和冷风渗透问题，消除鸡舍供暖盲区，改善冬季舍内环境条件。

三、注意事项

热回收技术原理是用鸡舍产生废气的热量来预热入舍新风；当鸡群周龄比较小或舍内饲养密度比较低的情况下，鸡代谢产生的热量不足时，需要进行辅助供暖。

案例 4

商品鸭场（专用设备换热）
——山东荣达张井育雏场

一、企业基本情况

山东荣达农业发展有限公司创立于2004年，总部位于高唐县，总资产12.6亿元，拥有员工1 500余人，厂区及基地用地2万余亩，是一所集鸭、鹅育种，种鸭、种鹅饲养，鸭苗、鹅苗孵化，商品肉鸭、肉鹅养殖，饲料加工，成品鸭、鹅回收分割加工，冷冻贮存，熟食加工于一体的省级农业产业化重点龙头企业。张井育雏场位于高唐县姜店镇张井村，整个场区共有养殖棚舍15栋，7个养殖户，主要从事鸭苗育雏，将从孵化场孵化出来的鸭苗从1日龄育雏到6

日龄，然后转运到养殖农场。鸭苗前期育雏期间需求温度最高达32℃，棚舍供暖是关键，考虑到养殖成本节约以及节能减排要求，场区采用了空气能供暖设备和热回收设备。

鸭场外景

棚舍长124 m，宽12.4 m，檐高3.5 m，脊高4.9 m。养殖笼具共4层，每排3层，长97 m，宽1.6 m，高2.65 m。养殖面积约1 728 m^2，育雏总体量每月在200万只。

二、采用的供暖措施及成效

（一）供暖措施

2018年场区配备了低碳供暖设备18台，凯丰空气能设备12台，海尔空气能设备6台以及热回收设备15台，所有设备均使用电能。

空气能设备以及热回收设备使用均依赖电能，空气能设备的工作原理是利用热泵机组将空气中的热量压缩、释放、节流，然后通过热量交换将水加热，设备加热利用率高于市面上的大部分电加热设备。

铺设在网架下面的循环水管，主要是通过循环泵将空气能设备加热的水循环到棚舍的每一层网架上，实现棚舍各处都散热均匀。

水管散热

该场采用的热回收系统主要由新风主机（全热交换器）、控制开关、风管、进气风口、排气风口组成，主机安装于设备间，系统工作时，室内污浊空气通过排风管道经全热交换器排到室外。在室内污浊空气排到室外的同时，新风经全热交换器通过送风管道进入室内。在送排风的同时，送入室内的新风吸收排风中的热量，进行热量回收，达到节能的目的。

 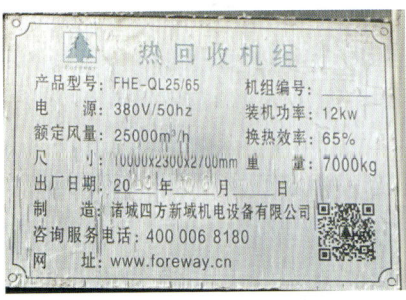

热回收机组及铭牌

白色的风布道为热回收在棚舍内的出风口

（二）供暖成效

空气能供暖系统适用于多种气候条件，即使在低温环境下也能保持较好运行，它可以根据实际需要调整供暖参数，满足不同场所的供暖需求。使用空气能时要确保操作安全，定期清理灰尘污垢，检查线路及管道。应用空气能和热回收组合的供暖措施，供暖季可降低该场电量消耗30%～40%，且外界气温越底，节能效果越明显，同时能有效改善舍内环境，降低入舍低温新风带来的冷应激。

三、注意事项

热回收设备的性能和状态直接影响到热回收效果，要注意做好设备的维护保养，使用一段时间后要用清水冲洗换热管道，清理灰尘，保证换热效率。

空气能供暖设备的安装位置要确保通风良好。因为设备在运行过程中需要从空气中吸收热量，良好的通风条件可以保证有足够的空气流通，便于设备高效地获取热量。

在低温环境下运行时，虽然空气能供暖设备能够稳定工作，但效率可能会有所下降。此时，可以适当调整设备的运行模式，如提前开启设备预热，或者增加辅助加热设备（如果有）来保证供暖效果。当环境温度过高（例如夏季），如果设备长时间不使用，要注意做好维护，如关闭电源、排空管道内的水等，防止设备因高温和长期闲置而损坏。

要确保新风和排风的风量平衡。如果新风量和排风量相差过大，会导致全热交换器内部的压力失衡，影响热量交换效果。可以通过调节送风机和排风机的转速或者风门开度来实现风量平衡。关注设备运行时的风速和风压。合理的风速和风压可以保证新风和排风在全热交换器内充分接触和热量交换。如果风速过高，可能会导致热量交换不充分；风速过低，则会影响设备的通风效率。

七、复合型供暖技术的应用（多种供暖方式组合）

（一）技术概述

复合型供暖技术是将多种供暖方式和技术手段进行结合，取长补短，实现优势互补的先进供暖方式。它依据养殖场的具体需求以及所处的地理位置、环境条件，灵活地选择和组合不同的供暖系统，旨在达到更加高效、节能、环保的效果。这种技术有效地打破了传统单一供暖方式的局限性，它不仅仅局限于一种能源或技术的应用，而是通过综合运用太阳能、空气能、燃气、生物质能、余热回收以及地热能等多种能源，构建一个多元化、智能化的供暖体系，生产实际中可减少不必要的能源消耗，从而达到增效、节能的目的。

（二）主要设施设备

复合型供暖技术的应用，离不开一系列先进、高效的硬件设备设施。这些设备包括但不限于空气能热泵、燃气锅炉、生物质燃烧炉、太阳能集热器、余热回收装置以及地热热泵等。每一种设备都有其独特的优势和应用场景，它们共同构成了复合型供暖系统的硬件。

（三）应用效果

与传统的单一供暖方式相比，复合型供暖技术通过综合利用多种能源，实现了能源的最大化利用，从而减少了能源消耗和成本支出。由于多种能源之间可以相互补充和替代，即使某种能源供应不足或价格波动较大，也不会对整个供暖系统造成太大影响。如果充分利用可再生能源和余热资源，能大幅减少传统化石能源消耗和温室气体排放。

在复合型供暖技术的应用中，太阳能+空气能组合供暖系统较为常见，并展现出了卓越的效果与效益。这一系统充分利用太阳能的清洁、可再生特性和空气能热泵的高效转换能力，实现多种能源的优势互补，显著降低供暖成本。

肉种鸡
——山东鼎立农牧科技股份有限公司

一、企业基本情况

山东鼎立农牧科技股份有限公司成立于2020年，位于山东省烟台市海阳市，建有10座规模化智慧养殖基地、2座智能繁育中心、2个饲料加工厂、8座有机肥生产基地和2个沼气工程发电基地。是一家集父母代肉种鸡AI智慧化养殖、商品雏鸡智能化繁育、无抗化饲料生产、多能化绿色能源、资源化粪污利用、生态化污水处理六大板块于一体，全程数智物联网管理的现代农牧科技领军企业。

公司现存栏父母代肉种鸡200万套，全部采用叠层笼养立体饲养方式，年出栏优质白羽肉鸡商品鸡苗2亿只。

二、采用的供暖措施及成效

（一）供暖措施

公司创新集成太阳能、空气能地暖协同供温技术，建立了畜禽养殖场"太阳能+空气能+热回收"多能互补清洁节能供热模式，配套智能控制系统，实现全程自动化运行，供能端和用能端精准衔接，用于养殖场生产供温、生活取暖替代燃煤、燃气供温方式，有效解决了污染物超标排放、气源不足、运行维护成本高、环保检测不合格等问题，养殖场实现了低碳、环保、节能、智能运行目标。

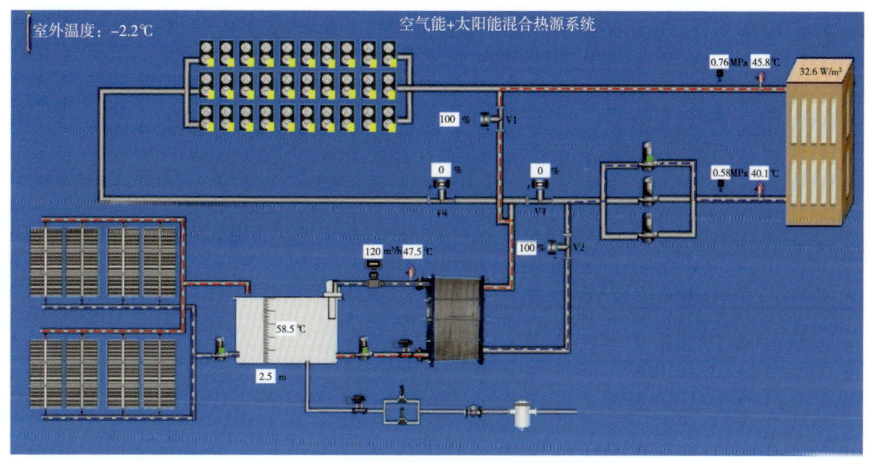

供热系统运行原理图

太阳能系统采用吸收率高、热损低、强度高的高硼硅3.3全玻璃真空太阳能集热管作为集热元件。设计单台集热器配50支直径58 mm，长度1 800 mm的全玻璃真空管，集热面积7.6 m²。以一个存栏20万套父母代肉种鸡育雏育成场为例，系统共安装22 500支真空管，总集热面积3 420 m²。辅助热源为16台158 kW的空气源热泵。阳光充足时，系统自动启动太阳能，遇阴冷雨雪天气太阳能无法满足供暖需求时，空气能启动运行，补足太阳能的不足。

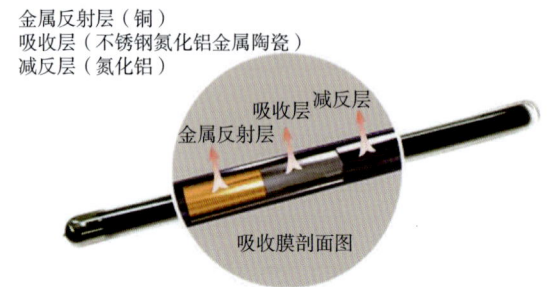

太阳能真空管剖面图

通过太阳能系统与空气能系统耦合，每天可将270 t水加热升温至35℃，用于12 582 m²鸡舍的供暖及场区员工洗浴、宿舍、餐厅等生活用暖。安装在地面的集热器和热泵均配备数据检测系统，以采集进出水温度、鸡舍采暖耗热量、太阳能负荷、总耗电量及太阳能运行数据等。

现场供热示意图

储热装置

1. 太阳能热水运行控制

（1）定温上水。利用太阳能蓄热水箱，将太阳能得到的热量蓄到水箱中。当太阳能集热器出口温度达到设定温度时，上水电磁阀启动，自来水将集热器中的高温水顶入贮热水箱；当集热器出口温度达到设定温度时，上水电磁阀关闭。如此往复循环，贮热水箱中的水位逐步上升，当贮热水箱水位到达100%时，上水电磁阀自锁停止运行。

（2）温差循环。当集热器出口温度（$T1$）-贮热水箱温度（$T3$）>设定温差且$T3$≤设定温度时，集热循环泵开启，将贮热水箱底部低温热水输送到集热器，同时，将集热器中的高温水顶入贮热水箱；当$T1-T3$≤设定温差或$T3$>设定温度时，集热循环泵关闭。

（3）自动上水。自动上水采用强制补水，即当水位低于20%时，上水电磁阀开启，自来水通过集热器进入贮热水箱；当贮热水箱水位到达设定的20%时，上水电磁阀关闭。

（4）防冻循环。当室外管道末端温度$T2$低于设定温度4℃时，集热循环泵启动，将贮热水箱中的高温水顶入集热系统；当室外管道末端温度$T2$高于设定温度8℃时，集热循环泵关闭。

太阳能集热装置　　　　　　　太阳能集热单元

2. 空气能热泵运行控制

当太阳能贮热水箱低温点达到45℃时,开启空气源热泵把储水箱水位加热到设定温度,当温度达到设定水温,空气源热泵关闭,如此往复循环,贮水箱保证鸡舍供暖的基础水位。

空气能热泵系统

3. 余热回收

采用基于热传导原理的余热回收技术,将鸡舍外新鲜冷空气与鸡舍内热污空气进行热量交换,热回收率可达60%左右,节能的同时可有效避免冷风对鸡体的刺激,减少呼吸道疾病的发生。

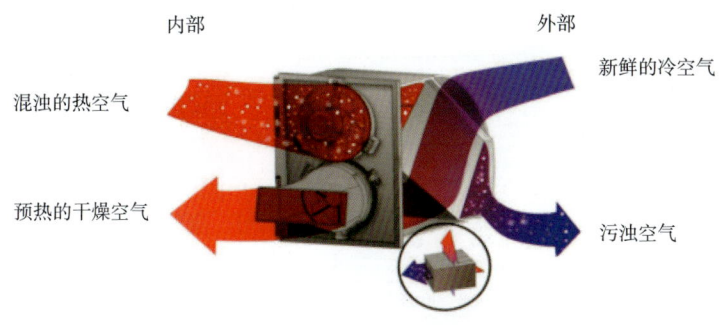

余热回收运行原理图

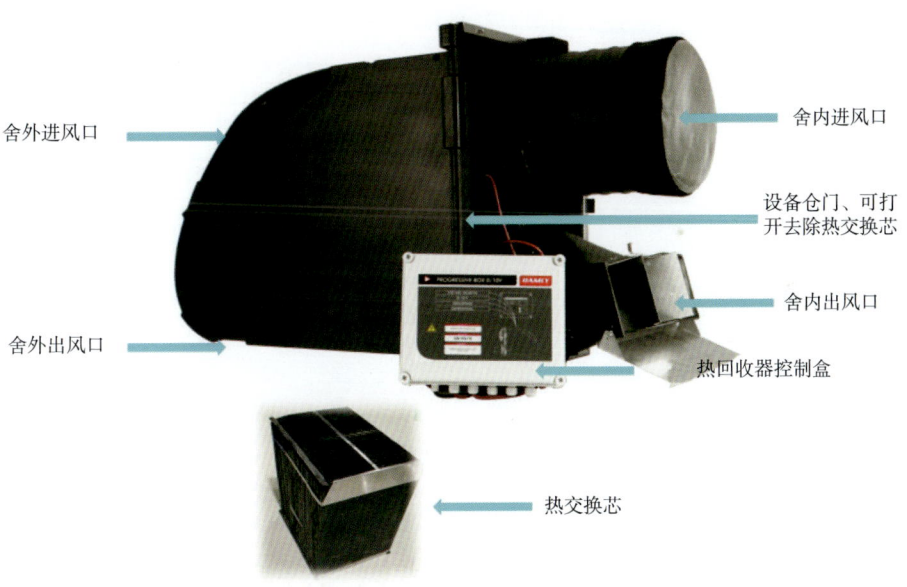

余热回收器

4. "绿色低碳恒温供暖可视化平台"远程管理系统

通过"绿色低碳恒温供暖可视化平台",实时监控设备运行情况,减轻工人劳动强度,提高系统运行的安全性。

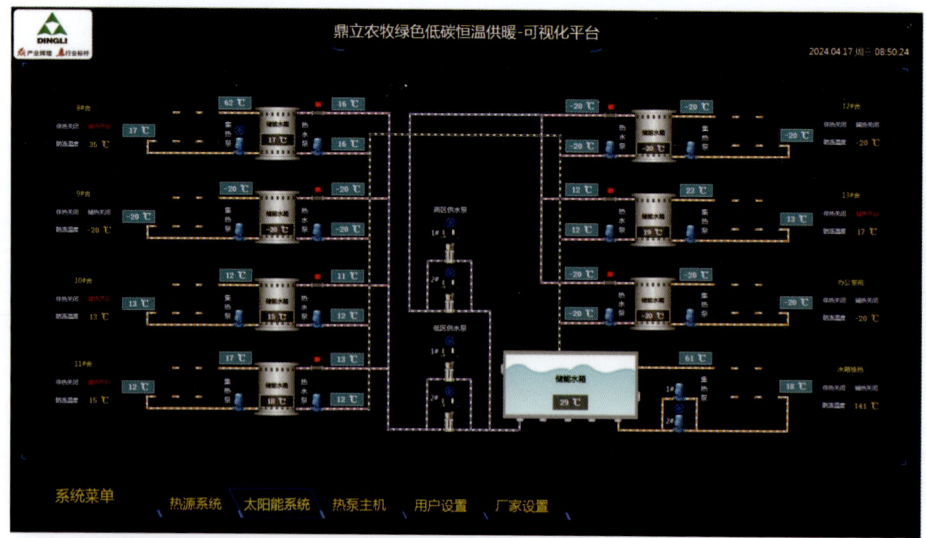

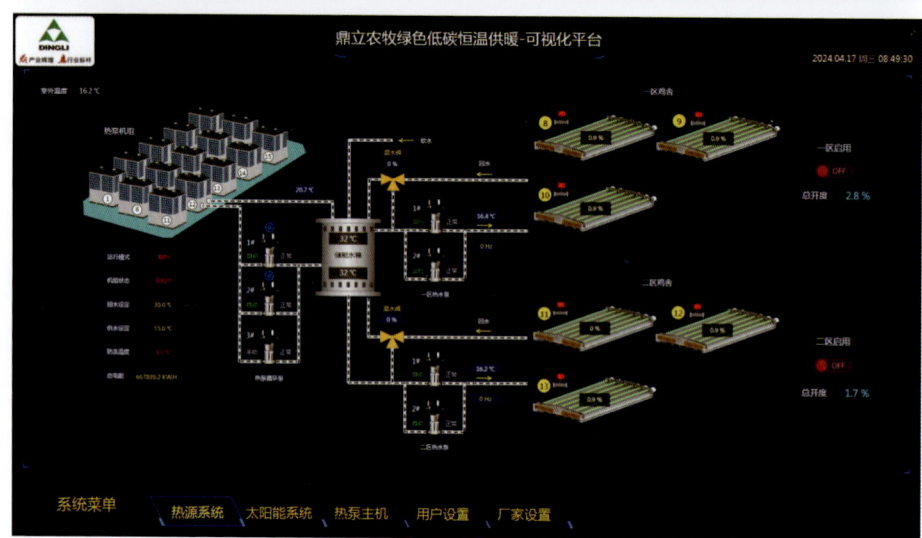

"绿色低碳恒温供暖可视化平台"界面

（二）供暖成效

通过使用"太阳能+"多能互补绿色低碳供暖方式，配合热回收技术应用，可大幅节省能源。阳光充足时，完全依靠太阳能供暖，每只鸡育雏期合计采暖成本0.003 2元；当太阳能不足时，以空气能补足，每只鸡育雏期采暖成本最高0.07元，较传统采暖方式分别节约0.206 8元和0.14元。

由于精准的温度控制，鸡舍内不同位置温差控制在1℃范围内，鸡群生产性能明显提升，主要表现在体重均匀度提高，鸡群成活率提高，产蛋性能改善等。以20万套父母代肉种鸡饲养量计算，截至56周龄末多产种蛋34万枚。

在降低养殖企业采暖成本，提高生产性能的同时，项目的实施具有显著的节能减排效果，可实现年节约能量10 275 930.7 MJ，年减排粉尘近10 t、二氧化碳200余t、二氧化硫10余t，有效控制主要污染物排放。

三、注意事项

不同气候条件、太阳辐照、畜禽舍建筑设计等因素都会对畜禽舍环境控制产生影响，所以，应根据养殖场实际情况确定环境控制参数。

第三部分

前景展望

畜禽养殖供热技术的发展历程，从最初的燃煤取暖，逐步演进到燃油、燃气供暖、生物质能供暖，再到如今广泛采用的空气能、太阳能、地热能、热回收等清洁供暖方式，这一发展过程，见证着人类科学技术的不断革新和发展理念的调整变化，每一次进步都带来了能效的显著提升和环保效益的明显改善。目前，越来越多的规模化养殖场开始采用多种供暖方式相结合的"复合型"模式，通过优势互补，实现了供暖系统在复杂情况下的高效运行。展望未来，畜禽养殖供暖技术将持续沿着更加高效、更加环保、更加智能的道路前进。

一方面，随着全球对环保和可持续发展的日益重视，畜禽养殖供暖技术也将更加注重节能减排和资源循环利用。太阳能、地热能作为大自然的馈赠，其清洁、可再生的特性将得到更广泛的应用，养殖供暖零污染、零排放有望逐步成为现实；空气能热泵以其高效转换且受气候环境条件影响小的优势，在较长的一段时期内将是畜禽养殖供暖领域的重要选择；通过余热的高效回收和重复利用，可进一步提高能源的利用效率、减少能耗。这些高效清洁供暖技术的利用，能够大幅减少对传统化石能源的依赖，降低能源消耗和污染物排放，推动畜禽养殖业的绿色转型和可持续发展。

另一方面，随着现代畜牧养殖对精准温控要求的不断提升，以及物联网、大数据、人工智能等前沿技术不断与养殖业融合，畜禽养殖供暖系统将更加精准化、智能化。通过实时监测畜禽舍内的温度、湿度、空气质量等关键参数，结合畜禽的生长周期、品种、体重、体况等因素，智能系统能够自动调节供暖设备的运行参数，实现精准温控。通过远程监控、自动调节和故障预警等功能，可确保供暖系统在复杂条件下始终保持最佳运行状态。通过数据分析，系统可以预测供暖需求，提前调整供暖策略，实现能源的最大化利用。此外，随着材料科学和制造工艺的不断进步，供暖设备的耐用性和能效也将得到进一步提升，为畜禽养殖业提供更加可靠、高效的供暖解决方案。

综上所述，未来的畜禽养殖供暖技术将更加绿色、低碳、智能、高效，持续推动畜禽养殖业的深度转型升级和绿色低碳发展，为促进产业发展与资源环境融合、构建人与自然和谐共生的美好家园贡献更大力量。